内蒙古土默川平原地下水

董少刚　刘白薇　等　著

中国水利水电出版社
www.waterpub.com.cn
·北京·

内 容 提 要

通过区域水文地质调查揭示了土默川平原地下水资源分布、水文地球化学特征、高氟高砷水成因和氮化物迁移转化特征。

本书得到内蒙古大学"一流学科"建设项目资助，本研究得到国家自然科学基金（41562020、41002129）、内蒙古自然科学基金（2018MS04004）、内蒙古"一湖两海"科技重大专项、呼和浩特市聚能环境技术咨询有限公司科技基金（JNHJ202008）的支持。

本书可供水文地质、环境地质、环境工程等领域科研人员、工程技术人员、高校师生使用和参考。

图书在版编目（CIP）数据

内蒙古土默川平原地下水 / 董少刚等著. -- 北京：
中国水利水电出版社，2021.3
ISBN 978-7-5170-9473-9

Ⅰ．①内… Ⅱ．①董… Ⅲ．①平原－地下水－水文地质调查－内蒙古 Ⅳ．①P641.7

中国版本图书馆CIP数据核字(2021)第043362号

书　　　名	内蒙古土默川平原地下水 NEIMENGGU TUMOCHUAN PINGYUAN DIXIASHUI
作　　　者	董少刚　刘白薇　等著
出 版 发 行	中国水利水电出版社 （北京市海淀区玉渊潭南路1号D座　100038） 网址：www.waterpub.com.cn E-mail：sales@waterpub.com.cn 电话：（010）68367658（营销中心）
经　　　售	北京科水图书销售中心（零售） 电话：（010）88383994、63202643、68545874 全国各地新华书店和相关出版物销售网点
排　　　版	中国水利水电出版社微机排版中心
印　　　刷	清淞永业（天津）印刷有限公司
规　　　格	170mm×240mm　16开本　12.75印张　250千字
版　　　次	2021年3月第1版　2021年3月第1次印刷
定　　　价	**58.00**元

前　　言

　　水是生命之源，是万物生长的基础。由逐水而居到掘井取水是人类文明史的一次转折，从此人类的活动范围大大扩展。掌握了凿井技术后，人类通过开采地下水可以生活在干旱的沙漠、戈壁，荒芜的草原，更重要的是可以在拥有肥沃土地、远离地表水体的平原区通过井灌进行农业生产。经过几千年的发展，基于自然条件，不同区域的人们形成了各自的生产、生活习惯，开创出了别具特色的地域文化，造就了丰富多彩的人类文明。

　　对人类来说，地下水的水量和水质决定其使用价值，而地下水的水量和水质受自然环境与人类活动的共同影响。自然条件下，地下水流动系统是在地质历史时期，受气候、大气降水、地形地貌、水岩相互作用、含水层介质、地下水流速、温度、地表植被等要素的共同作用，经过长时间的演化形成的。其一般具有相对稳定的流场和水化学场，并产生了与之相适应的稳定的生物地球化学环境。经过长时间的演化，适宜这一环境的地下微生物、地表植被和有关动物生息繁衍形成了稳定的生态系统。随着人类活动规模和强度的扩大，人工干预下的地下水环境演化已经成为影响局部乃至区域生态环境变化的主要驱动力。人类活动往往可以在较短的时间内使稳定的区域地下水流场和水化学场发生剧烈的改变，这些改变有些有利于人类对地下水资源的需求，有些则相反。

　　自然环境中，有些区域形成了对人类生产生活非常有价值的地下水资源，有些区域则可能出现天然的劣质水。如在山前冲洪积扇上部广泛分布的低矿化度的淡水资源，往往是人类开发利用的主要生产生活用水，特别是在干旱半干旱地区；而地下水径流缓慢的冲湖积平原、沉积盆地中部区域等往往分布有高盐、高氮水，特定的水文地球化学条件下还可能出现高氟水、高砷水、高碘水等。掌握自然条件下影响区域水化学特征的主要因素，了解地下水的天然演变规律，对寻找具有利用价值的水资源、合理地进行地下水开发、有效地进行水资源的管理且使区域地下水水质向有利于人类利用的方向演化具有重要意义。

人类活动的强烈干扰正使一些区域的地下水水质日趋恶化，如农业生产大量使用化肥导致地下水氮化物浓度升高；工业废水的无序排放导致地下水 COD、含盐量升高；沿海地区地下水位的大幅下降引起海水入侵；矿山开发导致地下水中重金属污染，人口密集区过量地开发地下水导致水资源枯竭等问题。有些干扰则也可能使区域水质有所好转，如一些矿山开发中疏排地下水，虽然使地下水位下降，但同时加快了地下水的径流速度，使地下水中的含盐量降低，地下水由还原环境转化为氧化环境，使相关区域地下水质明显提高；在地下水位埋深浅的干旱平原，通过合理地开采地下水用于农业灌溉，适当控制地下水位埋深，可以有效减少蒸发，降低地下水中的含盐量，增加地下水可开采资源量。

要合理地开发利用水资源，首先需要掌握自然环境和人类活动复合作用对区域地下水资源的影响规律。在干旱和半干旱地区有限的地下水资源往往是支持区域经济发展的唯一水源，因此这些地方对地下水资源的开发利用程度往往很高。掌握在人类活动影响下，区域地下水的补、径、排特征和水文地球化学特征及其演化规律对合理开发利用地下水至关重要。

土默川平原处于我国北方农牧交错带上，属于半干旱地区，降水量小，除黄河从平原南部过境外无常年地表径流，地下水是主要的供水水源。目前该区存在的问题是人口集中、工农业及畜牧业发达，需水量大而水资源短缺。同时该区天然劣质水广泛分布、地下水污染源较多，使水资源短缺问题日益严重。如何保护、合理地开发利用，以使有限的地下水资源能够最大程度地支持区域经济的可持续发展，提高人民的生活质量，成为土默川平原地下水研究的首要任务。

作者从 2010 年开始关注土默川平原的地下水及其环境问题，先后对托克托县高氟水、哈素海区域高砷水、大黑河下游冲湖积平原高盐水、湖积台地高氮水、呼—包高速公路绿化带耗水、呼和浩特城市扩建及河道防渗阻水、托克托县神泉成因、土默川平原地下水流场特征、土默川平原地下水水文地球化学演化机制等问题开展了一系列的研究。在总结过去 10 年对土默川平原地下水认识的基础上，撰写了本书，以期能够为该区水资源的合理开发和保护提供科学依据，为内蒙古自治区经济和社会发展及人民生活安居乐业有所贡献。另本书可为类似干旱—半干旱地区地下水的科学利用及保护提供借鉴。

本书由董少刚（内蒙古大学、内蒙古自治区河流与湖泊生态重点实验室）、刘白薇［中国地质大学（武汉）、内蒙古大学］、张涛（呼和浩特市生态环境局）、高东辉（内蒙古自治区环境工程评估中心）、王克玲（内蒙古自治区呼和浩特生态环境监测站）、史晓珑（内蒙古自治区呼和浩特生态环境监测站）、王皓（呼和浩特市生态环境局经济技术开发区生态环境分局）、张镱（呼和浩特市生态环境局玉泉区分局监测站）等共同完成，具体分工如下：第一章，刘白薇、王克玲、史晓珑、高东辉、王皓；第二章，刘白薇、张涛、张镱；第三章，刘白薇、董少刚、张镱；第四章，董少刚；第五章，刘白薇；第六章，董少刚；第七章，董少刚、刘白薇；第八章，刘白薇；第九章，张涛、高东辉、王克玲、史晓珑、王皓；第十章，董少刚、刘白薇；第十一章，董少刚、刘白薇。全书由董少刚统稿。参加本研究的还包括研究生刘晓波、王超、夏蔓宏、周雨泽、孟姝蓉、侯庆秋、王磊、马铭言、张文琦等，在此向他们表示感谢。

限于时间和水平，书中难免存在不当之处，希望读者谅解和支持，也希望有兴趣的读者和我们就有关问题进行深入探讨。

作者

2020 年 10 月

目　　录

第一章 绪 论

第一节 研 究 背 景

以盆地或完整的水文地质单元为评价单位进行地下水的研究，精确地揭示地下水流动系统特征，为区域水资源的管理和优化配置提供科学依据，已经成为目前地下水科学研究面向生产服务的主要任务。从盆地（或水文地质单元）的成因入手，了解区域含水层、隔水层的空间展布及形成作用，掌握地下水补给、径流、排泄规律，揭示地下水化学特征及成因机制成为一种有效的研究地下水的途径。在一个盆地地下水系统中，受地形地貌、构造、沉积环境、岩性等的影响，不同区域地下水的水量、水质呈现不同的特征，但其形成机制及演化规律具有内在的统一联系。近年来，随着科技的发展、社会的进步及人类对水资源需求量的增大，人类活动对区域地下水系统的影响越来越大。地下水系统特征已经从受自然控制转化为受自然和人类活动双重影响。特别是随着人口的增长、工农业的发展，由人类活动导致的区域水环境恶化问题正日趋严重。在掌握区域地下水系统自然演化规律的基础上，揭示人类活动对其影响特征显得日益紧迫。

本书以土默川平原为例，通过野外调查、水化学分析、室内实验及模型模拟，揭示了在自然和人类活动共同作用下其地下水资源分布、地下水化学演化规律、高氟和高砷水富集成因、季节变化对地下水质的影响。

土默川平原位于我国内蒙古自治区中部北方农牧交错带上，又称为前套平原。该区域是内蒙古人口较集中的区域，也是内蒙古工农业和畜牧业发达的地区。受干旱、半干旱大陆性季风气候的影响，该区地表水短缺，地下水长期以来一直是工、农、牧业生产及人民生活用水的主要来源。土默川平原地下水质量状况受自然和人类活动的双重影响。由于农业生产大量地使用化肥、畜牧养殖废水及废物的管理不善和工业废水的不合理排放，导致一些区域氮化物浓度明显升高；受含水层沉积及水文地球化学环境的影响使高氟、高砷水大面积分布[1-2]；强烈的蒸发浓缩导致平原潜水位埋深较浅的区域地下水含盐量过高。随着近几十年来社会经济的快速发展，对水资源的需求也越来越大，区内水资源供需矛盾日益突出。

第二节　地下水流场及水化学特征研究现状

一、地下水流场研究

人类日常生活生产过程所消耗的水源中，地下水所占的比重越来越大。大量地开采地下水势必会破坏天然的水体平衡，直接或间接地导致地下水化学特征发生变化[3]，甚至影响区域生态系统的稳定[4-5]。因而，对地下水的合理开发利用和保护是当今水文地质学研究的一项重要的任务[6]。

作为当今全球水资源科学中的重要研究热点之一，区域地下水流动系统和水化学组分的分布规律及演化机理一直备受国内外学者的广泛关注[7-11]。基于多学科理论和研究方法的交叉渗透，开展地下水化学演化规律及其化学成分、物质含量与迁移转化的分析研究，揭示区域地下水系统的变化特征，有助于从客观规律上和实际开发上进一步深化对地下水资源的可持续循环利用[12-14]。

地下水流场记录了区域地下水在含水层中是如何流动的，沿着地下水的流动方向，地下水的水量和水化学特征均会发生有规律的演变。研究地下水流场在较长时间尺度上的演变机制，可为水安全工作提供科技支撑，是地下水保护与涵养、合理开发利用的前提。

模型是研究地下水流场变化的有力工具。在早期，水文地质工作者主要使用物理方法进行地下水流场模拟，即运用实体模型对地下水在含水层中的流动过程进行分析，可以较为直观地体现出地下水的流动规律，但其操作起来比较费时费力，很多情景也无法再现（如过去 20 年或未来 20 年的变化）。随着计算机技术的兴起，数值法逐渐取代物理模拟方法，被国内外学者广泛运用于地下水流场的模拟。例如董少刚，黄昕霞等[15-17] 使用了地下水模拟系统（groundwater model system，GMS），分别对山西的大同盆地、运城盆地和太原盆地地下水流场进行了模拟，完整地再现了区域地下水流动的时空变化规律，揭示了各个盆地地下水的资源量，地下水补、径、排特征。LI 等[18] 利用 TOUGHREACT 模拟系统分析了不同流体密度对内陆盆地地下水流动系统发育的影响。董少刚等[19] 将 MODFLOW 和 INTERBED 结合，模拟了太原市由于地下水位下降引发的地面沉降，为地质灾害防治提供了依据。如今，随着科技的快速发展，对于地下水流场数值模拟的方法日益进步，特别是 GIS 技术广泛应用于地下水模拟分析中，大大提高了整个模拟过程的可视化。如，王建红等[20] 将 Visual MODFLOW 与 ArcGIS 相结合，建立了黑河流域中游平原地区地下水流数值模型，分别对研究区地下水现状开采条件和调整后开采条件引起的地下水动态变化进行了预测，这对于合理开发研究区地下水资源有所帮助。高分卫星遥感图像与地下水数值模拟技术的耦合大大提高了研究的精度，是未来地下水数值模拟方面研究的热点[21]。

随着水文地质学者对地下水流场研究的深入，人们发现地下水流场的演化受多种因素影响，特别是气候变化和人类活动目前正强烈地改变着区域地下水环境[22-23]。气候变化尤其是气温和降水的变化会对地下水流场产生显著的影响。如，Jyrkama 等[24]的研究指出，随着降水和温度的改变，地下水的补给也会发生改变。林艳竹[25]通过预测两种气候条件下的地下水流场变化，发现了气候因素是通过影响地下水补给量和开采量来对地下水流场产生影响的。郑晓艳[26]运用数值模拟的方法预测了气候变异条件下地下水流场的响应，表明了气候的变化会对地下水流场产生一定的影响。各种人类活动如采矿、修建水利工程、大量开采地下水资源等也会改变地下水流场。如夏蔓宏等[27]研究了伊敏煤矿开采后地下水的响应，发现受露天采坑和疏干水的影响，地下水位剧烈下降，地下水补、径、排特征明显改变，进而导致了矿区湖泊萎缩。冯海波等[28]对伊敏露天煤矿的研究发现，硫化物的氧化产酸是引发矿区地下水化学特征发生变化的主要原因。邢芳等[29]研究了云南某水库后发现，水库建成后，库区上游地下水水位有所抬升，浸没了周围部分耕地，提高了土壤沼泽化的风险。

在地下水与周围环境相互作用的过程中，含水层中的水量会发生变化。当含水层补给量大于排泄量时，地下水位上升，反之则下降。研究地下水的水量，可以让我们了解地下水的补给、排泄和水资源状况，着眼于解决可持续利用地下水资源和预防环境地质灾害。如，马青山等[30]以地面沉降为控制目标，运用数值法计算了沧州市地下水最大允许开采量和最小允许开采量，为有效约束地面沉降，合理控制地下水的开采量提供了依据。Abolfazl 等[31]将水均衡原理与水位动态相结合，分析了 Kaftar 湖流域的年地下水允许开采量，认为地下水年开采量与回灌量之比不能超过 0.69。周永德等[32]对大、小凌河扇地地下水的补给源进行了研究，发现地表水对地下水的补给量占地下水资源量的 54.2%，说明该区域地下水主要来源于地表水。

地下水水量的计算方法体系目前已经较为完善，常用的方法有示踪剂法、水均衡法、数值法和基于 3S 技术的计算方法等。示踪剂法因其操作简便、成本低且结果准确而被广泛运用。如，谭秀翠等[33]使用溴示踪法计算了华北平原地下水平均补给量和补给系数，同时发现了示踪剂运移深度能够反映地下水补给的指标，为该地区地下水资源评价提供了重要参考。李鹏等[34]运用地下水位动态法和基于遥感的水量平衡方法计算了北京市平原区的降雨入渗补给量，并将这两种方法进行了对比，发现这两种方法有各自的优缺点和适用性，地下水位动态法精度更高，而基于遥感的水量平衡法适用于在大尺度、长时间序列上计算补给排泄量。Gleeson 等[35]在 2012 年提出了一种新的研究地下水资源量的方法——地下水足迹法。他将地下水足迹定义为维持地下水使用和依赖地下水的生态系统服务所需要的区域，通过推导地下水足迹，可得出对地下水资源的利用量。Laurent Esnault 等[36]在 2014 年对地下水足迹法进行了改进，使其可以用于推导特定作物的地下水足迹，进而计算其消耗的地下水资源量。目前在我国，地下水足迹法被应用于农业地下水资源消耗量中。例如张凯等[37]采用地下水足迹法，研究了华北平原不同作物地下水足迹对地下水资源量的影响，为该区域地下水超采区种植结构的调整以及地下水资源的可持续利用提供了理论依据。

随着人们对环境质量的重视，面向生态环境保护的生态水文地质学蓬勃发展，特别是针对干旱-半干旱地区的地下水与生态系统相互作用关系的研究受到越来越多的生态水文地质学家的关注[38-39]。例如，孙栋元等[40]对疏勒河流域中游绿洲的天然植被现状生态需水量进行了估算，并预测了未来植被的生态需水量，发现不同类型植被有着不同的生态需水量，且各自有其最大和最小生态需水量。目前已经有许多学者对生态需水量的计算方法开展了研究，初步形成了一个较为完整的计算方法体系，主要的计算方法有潜水蒸发法、面积定额法、水量平衡法以及基于 3S 技术的计算方法[41-42]。其中应用较为广泛的是潜水蒸发法，如白元、彭飞等[43-44]使用潜水蒸发法分别对塔里木河上、下游的植被生态需水量进行了计算，确定了其适用性。然而，由于地下水环境、植被类型、评价标准等的不同，使用者无法评定哪种方法的计算结果更为准确，而且在计算过程中，参数的选取也会影响结果的精确度，需要将气候、人类活动、植被耗水规律、不同植被的适宜地下水位等因素综合考虑。因此，在计算植被生态需水量时要考虑的因素有很多，如何提高生态需水量计算的精度和完善计算体系，应该是今后研究的重点。

二、地下水化学场研究

地下水化学特征记录了地下水运动和循环途径的历史，是地下水环境系统演化规律的重要表征[45]；通过分析和论证地下水化学组分的时空分布特征及水—岩相互作用，能够揭示不同区域地下水流动系统的水化学演化规律[46-48]。因此，在较长的时间尺度上研究处于不同条件下的地下水化学场演化规律，科学地认识自然演变和人为扰动对地下水环境产生的影响，是地下水环境演化研究的发展趋势[49-50]。

从 20 世纪 50 年代以来，地下水环境演化受人类活动的影响越发显著[51-52]。关于地下水环境演化问题，已经由传统的理论研究转变为对人类活动影响的研究。如 Shi 等[53]以中国沿海城市为研究对象，有效地评价了沿海城市化地区地下水在多种因素影响下的演化。Kaur 等[54]结合水文地球化学特征及离子指数方法在研究印度帕尼帕特地区地下水化学成分时发现，含水层岩石风化和人类活动是影响该地区地下水化学组分的主导因素。

随着我国水资源开发和利用需求的提升，近年来对地下水化学的研究越来越受到重视[55]。郇环等[56]的研究表明，永定河冲洪积扇中的地下水从扇顶到扇缘的径流过程中主要发生了硫酸盐、硅酸盐和碳酸盐的溶滤作用和 Na - Mg 和 Na - Ca 离子交换作用。李向全等[57]运用统计、模拟分析研究发现，太原盆地高矿化硫酸盐水主要是由于接受了富含硫酸根离子的周边基岩水补给所致。王磊等[58]利用水文地球化学方法结合区域地质构造，揭示呼和浩特"神泉"形成的机制，明确了库布齐沙漠地下水对"神泉"的补给作用。吴春勇等[59]对鄂尔多斯高原白垩系含水层地下水水化学演化特征进行了研究，发现该区地下水均起源于大气降水，并随着地下水在岩石土体中的流动发生了岩盐溶滤、碳酸盐矿物溶解、硫酸盐矿物溶解、硅酸盐矿物溶解和阳离子交换等水文地球化学作用。安乐生等[60]采用数理统计与地质统计、Piper 三线图等对黄河三角洲浅层地下水化学特征及成因进行了系统研究，揭示了黄河入海流路的变迁和海水入侵是该地区浅层地下水化学特征形成的关键驱动因素。丁宏伟等[61]通过研究河西走廊地区的地下水化学特征，对走廊平原地区地下水化学组分的空间分布及变化规律进行了较好地诠释。章光新等[62]系统研究了东北松嫩平原地下水化学的时空变异特征与演变规律，揭示了自然水化学演变机制和人类活动对该区地下水水质演变的影响机制。侯庆秋等[63]利用离子比例系数法确认了 Na - Ca 离子交换作用是控制内蒙古四子王旗第四系孔隙潜水的主要地球化学作用。

从 20 世纪 50 年代至今，同位素方法一直是水文地球化学研究的重要手段，氢、氧同位素一直在地下水化学研究中占据主要地位。在近年来的研究中，Cl、Br、Sr、B、C 等同位素也逐渐被应用于地下水化学演化的研究中。如，Chen 等[64]运用氢氧稳定同位素，结合 ^{37}Cl 和 ^{81}Br，分析了华北平原地下水补给来源及水化学成因，揭示了该区域地下水的地球化学演化过程。苏春利等[65]利用 $^{87}Sr/^{86}Sr$ 比值分析的方法揭示了贵阳市地下水的水文地球化学过程，确定了影响该区域地下水化学组分的机制为岩石风化作用，地下水中溶质受碳酸盐岩溶解的影响。Cary 等[66]运用多同位素方法（^{2}H，^{18}O，^{87}Sr，^{11}B），调查了巴西 Recife 地区地下水咸化的来源和形成过程，结果表明海水入侵和阳离子交换作用是该区域地下水咸化的主要原因。还有某些惰性气体同位素，如氦、氖、氩、氪的化学性质十分稳定，对地下水的物理化学过程也十分敏感，也可以被应用于地下水化学演化的研究中[67]。

第三节 高砷地下水研究现状

一、高砷地下水的分布

目前全世界 70 多个国家和地区都有高砷地下水分布，其涉及的人口和范围随着社会经济的发展呈现出升高的趋势[68-71]。这些与高砷地下水有关的国家包括中国、印度、美国、日本、阿根廷、马来西亚、巴西、德国、英国、匈牙利、罗马尼亚和津巴布韦等[72-75]。

从高砷地下水在全球分布及涉及的人口来看，其已成为世界性的环境问题[76]。由于地下水中砷富集机制复杂，目前对于其来源、释出机制以及其在含水层中迁移转化规律的认识仍存在很多差异[77-79]。

二、地下水中砷化物的来源及高砷水形成机理研究现状

在以地下水为主要饮用水源的地区，当地下水中砷化物含量过高时，进入人体的砷常会在人体内富集，从而对人们身体健康造成严重影响[80-83]。

地下水中的砷化物有天然来源和人为来源。天然来源主要指在自然条件下，含砷岩石中的砷化物在物理化学作用下进入到地下水环境中。目前发现的砷硫化物、砷酸盐、亚砷酸盐以及可以吸附砷的铁氧化物等含砷的岩石矿物在 200 种以上。此类岩石矿物中的砷在适宜的温度和一定的氧化还原条件下，易被溶解成游离态进入地下水[84]［式（1-1）］。人类来源主要指通过矿区开采、农药的使用、工业废弃物排放等手段，在较短的时间尺度上扩大了地下水砷含量的输入，人为地破坏了天然状态下水—岩相互作用的平衡，直接或间接地导致了地下水中砷含量的增加[85-86]。

$$FeAsS + 14Fe^{3+} + 10H_2O \longrightarrow 12Fe^{2+} + SO_4^{2-} + FeAsO_4 \cdot 2H_2O + 16H^+$$

$$(1-1)$$

人类活动对地下水中砷浓度的影响主要体现在地下水氧化还原条件的改变，地下水流动特征变化或者地下水补给的差异，导致砷或与砷迁移有关的组分溶入地下水环境中。

不论是自然环境下缓慢释放还是人为活动影响下产生的砷，在进入地下水环境系统后，都会逐渐融入地质大循环和生物地球化学小循环中，进而表现出不同的环境地球化学行为[87-88]。

在水体、土壤以及岩石中，砷多以化合物形态存在，尤其在地下水环境中，其具有极其复杂的地球化学性质，对人类和牲畜的健康危害巨大。岩石中砷的释放和富集受气候特征、地质条件、沉积环境等影响[89-91]。地下水中的砷在水—岩相互作用的影响下，不断地在地下水中进行迁移转化。研究表明，地下水中的 Eh 值、pH 值、无机以及有机组分等因素与砷的迁移富集有着密切的关系[92-94]；另外，有机质和部分微生物对砷的迁移转化也会有促进或者抑制作用[95-96]。

Bondu 等[97]通过对全球多个高砷地下水地区的地球化学环境、地质构造以及演化机制进行综合分析和论证，总结出铁含量较高且岩层发生侵蚀作用的区

域容易形成高砷地下水；另外，因其水循环速度快且含有较多的有机物，热带和亚热带也是全球的富砷地带。Johannesson 等[98]通过对美国内华达州南部河谷区域地下水流动系统特征和地下水化学条件的分析，并结合地球化学模拟的结果得出，该地区砷的含量受火山玻璃的溶解作用影响明显。Itai 等[99]通过对孟加拉国中东部地区的富砷现象的分析和论证，揭示了该地区全新世非承压含水层中的砷含量要远大于更新世含水层的原因。Sharif 等[100]对密西西比河河谷浅层冲积含水层中砷释放机理研究发现，砷释放进入地下水的主要途径是铁的氢氧化物的还原性溶解。Zheng 等[101]研究认为，造成一些地区地下水中砷富集的主要因素是黄铁矿的氧化作用和金属氧化物的还原性溶解。Phan 等[102]通过对柬埔寨境内湄公河流域内三个不同砷暴露地区的地下水样品和头发标本进行采集和实验分析，论证了地下水中砷对人体健康的影响幅度。

刘东生等[103]研究了我国富砷区地下水的水化学类型及土壤有机组分的相关性，发现地下水砷富集的分布规律与地球化学背景有很大的关系。王雷等[104]对呼和浩特盆地富砷地下水的分布特征研究表明，浅层富砷水分布广，而深层富砷水比较集中，富砷水主要处于还原环境，且主要以 As^{3+} 形式存在。郭华明等[105]对山西山阴地区地下水砷的水化学特性和释放机制研究发现，较强碱性、较高磷酸根浓度和还原环境会阻碍含水介质对以阴离子状态存在的砷的吸附，而高溶解性有机物含量会强化砷的活性，以上这些因素影响着含水介质中砷的解吸和迁移作用。杨素珍等[106]对内蒙古河套平原砷异常区研究表明，该区地下水中砷的分布呈明显的地带性，以还原环境为主的富含有机质的湖沼相沉积环境、特定的地质、地形条件为地下水砷富集提供了条件。裴捍华等[107]对山西大同盆地地下水中砷的演化成因和富集机理进行了分析，结果表明砷的原生物源为太古界变质岩和中生界煤系地层，主要表现为地下水的还原条件促进了砷的释放，且地势低洼、断裂凹陷以及细粒含水介质均会对砷的富集起到一定的促进作用。韩子夜等[108]在整理国外高砷地下水环境最新研究成果的基础上，总结了当前富砷地下水的研究进展，提出了开展我国高砷地下水环境研究的思路和方向。

第四节　高氟地下水研究现状

一、高氟地下水的分布

高氟地下水作为一种环境地质问题由来已久，全球多个国家和地区已经出现不同程度的因饮用高氟水而引发的地方性氟中毒现象，例如，东非、土耳其、墨西哥、印度、意大利、美国、韩国、巴基斯坦、伊朗、阿根廷等均有发生[109-115]。我国由于地域广阔，环境水文条件复杂，特别是在干旱、半干旱区域，地氟病也分布广泛[116-120]。

国内外学者对高氟地下水的分布特征、形成来源及影响因素等进行了系统性的研究，并已取得一系列成果[121-123]。长期的研究普遍表明，地下水氟富集主要是由于地球化学和地质演化长期作用的结果，主要影响因素包括区域气候、地质构造、含水层岩性、地形地貌、水文地质条件以及环境地质特征等[124-129]。水文地质条件是影响地下水中氟富集的重要因素，在不同水文要素条件下形成的特定的水化学场会影响到地下水中氟的迁移转化[130]。

二、高氟地下水形成机理研究

高氟地下水的形成主要与其所处的地质环境有关。在一定的自然或人为活动干扰下，氟化物在较短的时间尺度内以一种稳定的形态被释放出来，随着地下水的流动作用不断在一些区域富集而形成高氟水[131-133]。

当前，有关地下水中氟化物的研究主要包括：pH 值、电导率以及饱和指数等水化学指标对地下水中氟化物的影响作用；氟化物在地下水环境中所发生的分解、离解、溶解和沉淀等化学反应[134-136]；地下水化学类型对高氟地下水的形成和分布的控制作用。高氟地下水的水化学类型多呈现为高矿化度型地下水，氟化物含量与 pH 值、温度、TDS、Ca^{2+} 含量、HCO_3^- 含量等指标具有较好的相关性[137]。高氟地下水多呈弱碱性，在弱碱性条件下，含水介质中的沉积矿物对氟离子的吸附能力较弱，此外，弱碱性环境中的 OH^- 可与氟离子发生竞争吸附，使得氟离子从含水介质中解吸附，释放出来，进入地下水，在地下水中富集[138-139]。

众多研究结果表明：在地下水中钙离子浓度与氟化物浓度呈负相关关系，但钠离子、重碳酸根与氟离子呈正相关关系[140-141]。一般情况下，钠离子毫克当量百分比高的地下水中氟离子含量也相应的高，钙离子毫克当量百分比高的地下水中氟离子含量却较低，这主要是由于在水溶液中 CaF_2 的溶解度要显著低于 NaF。当地下水中钙离子含量增加时，氟的络合物分解，使得钙离子与氟离子生成氟化钙沉淀，从而减少了地下水中氟含量。

对于高氟地下水的形成过程和演化机理，国内外学者基于不同的环境地质特点进行了有针对性的研究和分析。Chidambaram 等[142]认为：水文地质条件对地下水中氟化物富集过程起到重要的影响作用，例如高碱度和低钙的水环境有利于氟化物富集。氟含量较高的矿物质，如萤石、黄玉、冰晶石等，已被证实为氟化物的重要来源[143]。Kundu 等[144]在印度安得拉邦地区进行了研究，认为氟在地下水中的富集程度主要受气候条件、含水层岩性和水文地球化学作用等因素的共同影响。Rafique[145]通过对巴基斯坦地区高氟地下水的研究，发现当地地下水高浓度的氟离子与高矿化度、高 pH 值、高钠以及较高的钠吸收比率（SAR）等因素存在相关性。Jacks 等[146]对印度恒河河谷地区的高氟地下水研究结果表明：该区地下水中氟化物浓度与地下水残余碱度有一定关联，且氟离子浓度受到吸附平衡和萤石溶解度的影响。Salifu 等[147]研究了加利福尼亚州北部地区地下水中氟的富集过程，认为方解石沉淀和钠/钙交换过程消耗了地下水中的钙，促进了萤石矿物的溶解；此外，氟离子和氢氧根离子的交换过程、蒸散过程等因素都会促使氟离子的富集效应。Valenzuela 等[148]对墨西哥索诺拉州地区的研究发现，高浓度氟离子与重碳酸盐浓度、pH 值和温度等因子存在相关性。

史晓珑[149]通过研究发现，高氟地下水是在一定条件下通过解吸、淋溶、盐分积累以及在长期蒸发浓缩作用过程中逐渐形成的。李海霞等[150]对内蒙古苏尼特高氟地下水的研究发现，氟离子浓度与井深有一定关系，地下水中的氟离子主要来自萤石矿中的 CaF_2。王雨山等[151]对我国干旱地区的研究发现，氟含量和 pH 值、HCO^{3-}、Na^+、Ca^{2+} 呈显著相关。邢丽娜等[152]研究浅层地下水发现，碳酸氢根、钠离子浓度高的弱碱性水化学环境有利于氟离子的富集，而钙离子和镁离子则会抑制氟离子的富集。韩占涛等[153]在盐池地区研究发现，该地区古近系和新近系泥岩和侏罗系泥砂岩地层的含氟量远高于其他地层，是该地区高氟地下水的主要形成因素之一，此外，干旱积盐且水土环境呈碱性也促进了氟的富集。陈格君等[154]对环鄱阳湖地区的地下水的研究结果表明，区域土壤和岩石的性质是造成地下水氟离子浓度偏高的主要原因。万继涛[155]对鲁西南地区高氟地下水的研究发现，浅层高氟地下水的成因类型主要为溶滤—蒸发浓缩型，黄河冲洪积物所携带的含氟矿物为该地区地下水提供了稳定的物质来源。李晓颖等[156]对彰武县浅层地下水环境研究发现，该区地下水中氟离子含量较高主要是由于土壤中离子态氟的淋溶和含氟岩石的溶解。高旭波等[157]研究了山西运城盆地地下水氟富集规律，认为形成高氟地下水主要由于海水对未饱和含氟地下水的入侵和盐湖本身氟含量较高。董少刚等[158]对内蒙古托克托县的地下水水化学特征的调查表明，地下水的滞留排泄区是潜水高氟水集中分布区。

三、高氟区饮水安全措施

1. 寻找低氟水源

寻找新水源的三种主要方法：①开挖能够防氟的深层井，如风积沙地层、第四系冲洪积地层、白垩系砂岩地层中一般赋存水质较好的地下水；②使用优质地表水作为新水源；③将雨雪收集后作为新水源，在没有地下水和地表水供给条件的地区，将雨雪水汇集到建造好的水窖中，以供使用。

2. 降氟技术

目前大部分正在使用的除氟技术，其原理都是源于物理和化学方法。这些技术主要包括：利用活性氧化铝、石灰进行凝固；明矾、氯化铁、硫酸钠等进行干燥，之后进行絮凝、沉淀和过滤；活性炭吸附；离子交换及反渗透等方法。Yang Chao[159]按照介孔氧化硅 MCM - 41 的方法成功制备出镧—硅复合介孔材料，他所完成的吸附试验显示，在氟离子小于 10×10^{-6} 的微污染低浓度情况下，镧—硅复合介孔材料能够快速有效地除去水中含有的氟离子。Yarlagadda 等[160]认为直接接触式膜蒸馏（DCMD）技术几乎能够修复所有由氟离子引起的地下水污染。Carrillo 等[161]对墨西哥地下水环境研究表明，利用新的钻孔和抽水设施，同时优化钻孔成井的施工技术，能够将地下水流动条件规范化，从而使氟化物的溶解度相应地减少。Maliyekkal 等[162]指出活性氧化铝除氟技术目前已经成为一种成熟度较高的技术，但运用该技术生产出来的水中铝含量较高，因此，正在研发一些如双金属吸附剂一样的新型除氟材料[163]。使用天然的地质材料作为除氟的吸附剂是较为有前途的技术方向，例如天然沸石和火山岩，天然氧化铁和赤铁矿以及天然菱铁矿和黏土等均可以作为吸附剂材料[164]。除氟能力比较显著的沸石—明矾使用范围广泛，但也需要再生和对其他关键设备的投入。其不足主要表现为在除氟的过程中也会除去其他有益的离子。在众多的除氟技术中，膜技术的研究是目前研究比较深入的，该项技术的不足同样是在除氟的同时会去除水中的一些有利物质，并且修复的成本比较高。

3. 环境管理措施

政府需要通过大力度的宣传，使群众了解、认识氟的危害，氟病对人体的伤害以及造成氟病的原因，以便做好预防工作。

第五节　地下水中氮化物研究现状

自然条件下，地下水中氮存在的形式有气态氮（N_2 和 N_2O）、铵态氮（$NH_4 - N$）、硝态氮（$NO_3 - N$）、亚硝态氮（$NO_2 - N$）和有机氮（尿素、氨基酸、蛋白质、核酸、尿酸、脂肪胺、有机碱、氨基糖等）。其中，离子态的氨氮、硝态氮和亚硝态氮简称为"三氮"。

地下水中的氮化物来源往往与人类活动有关，如农业活动、生活污水及生活垃圾[165-166]。调查表明，化肥的过量施用[167]和流失是地下水中硝酸盐氮污染的主要原因[167-174]，其污染途径主要有包气带入渗、地表水入渗和灌溉入渗等。

由于硝酸盐的易溶性和 $NO_3 - N$ 不易被土壤吸附的性质[175]，地下水中的"三氮"常以 $NO_3 - N$ 为主，$NH_4 - N$、$NO_2 - N$ 含量较低。$NO_2 - N$ 化学性质和环境毒性大，常被视为重要的氮污染标志[176]。硝酸盐本身对人体并无直接危害，但随饮用水进入人体后会被还原为亚硝态氮，威胁人体健康[177-179]，其危害程度仅次于农药，我国许多城市正面临着地下水硝酸盐超标的问题[180-185]。亚硝酸盐可以和蛋白质结合形成强致癌物亚硝胺[186]；而氨氮超标则可以引起胃炎、痢疾和传播性疾病。

一、地下水"三氮"的转化机理

"三氮"之间的转化一般都是从含氮有机物的氨化开始，经历硝化反应、反硝化反应，最后被还原成为 N_2 逸出。

（1）蛋白质等含氮有机化合物在脱氨基作用下产生氨态氮的过程[187]称为氨化作用。此过程可在好氧或厌氧条件下进行。脱氨的方式有氧化脱氨、还原脱氨和水解脱氨等。

氧化脱氨是在好氧微生物的作用下进行：

$$CH_3CH(NH_2)COOH+1/2O_2 \longrightarrow CH_3COCOOH+NH_3 \tag{1-2}$$

还原脱氨是由专性厌氧菌在厌氧条件下进行：

$$NH_2CH_3COOH+2H \xrightarrow{\text{梭状芽孢杆菌}} CH_3COCOOH+NH_3 \tag{1-3}$$

水解脱氨是氨基酸水解脱氨后生成羟酸：

$$CH_3CH(NH_2)COOH+H_2O \longrightarrow CH_3COCOOH+NH_3 \tag{1-4}$$

（2）硝化作用。硝化菌将氨态氮转化成硝酸盐的过程称为硝化。整个硝化过程是由两类细菌依次完成的，分别是亚硝化菌（氨氧化菌）和硝化菌（亚硝酸盐氧化菌），统称为硝化细菌，反应分为两步[188]：

$$NH_4^+ +3/2O_2 \xrightarrow{\text{亚硝化菌}} NO_2^- +2H^+ +H_2O-278.42kJ$$

$$NO_2^- +1/2O_2 \xrightarrow{\text{硝化菌}} NO_3^- -72.27kJ \tag{1-5}$$

总反应式：

$$NH_4^+ +2O_2 \longrightarrow NO_3^- +2H^+ +H_2O-351kJ$$

（3）反硝化作用。好氧生物硝化过程只能将氨氮转化为硝态氮，不能最终脱氮，欲最终脱氮，还必须进一步硝化使之转化为 N_2 逸出大气，通常将这一转化过程称为反硝化。反硝化反应也分为以下两步[188]：

$$6NO_3^- +2CH_3OH \xrightarrow{\text{厌氧菌}} 6NO_2^- +2CO_2 +4H_2O$$

$$6NO_2^- +2CH_3OH \xrightarrow{\text{厌氧菌}} 3N_2 +3CO_2 +3H_2O+6OH^- \tag{1-6}$$

总反应式：

$$6NO_3^- +5CH_3OH \xrightarrow{\text{厌氧菌}} 5CO_2 +3N_2 +7H_2O+6OH^- \tag{1-7}$$

（4）同化作用。硝化过程产生的 NO_3^-，有机氮矿化过程中产生的 NH_4^+，反硝化作用产生的气态氮都可以重新转化成有机氮，这其中需要微生物和植物的参与[189]。

由于地下水中的氮化物在不同环境中受不同微生物的作用，发生相应的生物化学反应，导致在同一区域其空间分布也有很大的差异性。

如在新疆喀什地区东部，地下水 NO_2-N 变异系数大，在水平分布上具有明显的分散性，且处于不稳定状态；而 NO_3-N、NH_4-N 变异系数小，表明它们在该地区地下水迁移过程及空间分布相对 NO_2-N 稳定[190]。石河子地区地下水"三氮"空间分布呈现相似的规律，差异性大小排序为：$NO_2-N>NO_3-N>NH_4-N$[191]。偃师市地下水 NO_3-N 的变异系数最小，其浓度质量分布较为均匀；NO_2-N 的变异系数最高，具有明显的分散性，局部地区的浓度较高，对地下水水质的影响较大[192]。

"三氮"垂直方向上的分布也存在明显差异，如石河子地区 NO_3-N 的含量大小排序为：潜水＞浅层承压水＞深层承压水；NO_2-N 和 NH_4-N 的含量大小排序为：潜水＞深层承压水＞浅层承压水；"三氮"含量极大值采样点均位于潜水[191]。

二、影响地下水中"三氮"转化的因素

影响"三氮"在地下水中迁移转化及富集的因素主要包括：包气带岩性结构、土壤 pH 值、土地利用类型、地下水流场和地下水化学场等。

包气带是"三氮"向地下水迁移的必经之路，其岩性结构是影响"三氮"迁移转化的主要因素。包气带结构分为单一结构和多层结构，多层结构又分为上细下粗、上粗下细和粗细互层结构。包气带单一结构时，包气带岩性结构均匀，"三氮"含量随包气带埋深的增加而逐渐减小。包气带为多层结构时，"三氮"含量波动很大，这主要是由不同岩性介质吸附性能的差异所造成的[193]。包气带颗粒较粗，岩性结构松散，包气带与大气之间水分交换强烈，有利于硝化过程；包气带颗粒较细，岩性结构致密，形成相对封闭的环境，能加速 NO_3-N 的还原，有利于进行反硝化过程，并且致密的岩性结构对 NH_4-N 的吸附能力较强，使 NO_2-N 和 NH_4-N 含量进一步增加[194]。

"三氮"相互转化的过程中细菌起到重要作用，而 pH 值的范围影响了土壤中各细菌的活性，因此 pH 值与"三氮"浓度具有一定的相关性[195]。研究表明，反硝化细菌的适宜生长 pH 值为 7.0～8.5，硝化细菌的适宜生长 pH 值为 6.0～7.5[196]，而强酸和强碱条件都对细菌的繁殖有抑制作用[197]。如关中盆地研究区包气带 pH 呈弱碱性，有利于硝化反应的进行，故包气带中 NO_3-N 含量明显大于 NO_2-N 和 NH_4-N 含量[198]。

不同土地利用类型的地表"三氮"含量不同，导致区域地下水氮化物含量

不同。其中农田和城乡居民用地对地下水含氮量的影响最大。农田大量施用氮肥，$20\%\sim30\%$被植物吸收转化为营养物质，未被吸收的氮肥滞留在土壤里。施用氮肥后，7 天内 NO_3-N 和 NH_4-N 含量会快速增加，此时大面积灌溉或突发暴雨，近 40% 的氮肥会随水流进入包气带，污染地下水[199-200]。城乡居民用地若没有完善的污水管网和污水处理系统，人畜粪便的排放就得不到良好的管理，含氮有机物下渗，导致地下水污；生活垃圾污染在堆置或填埋过程中会产生大量酸性、碱性、有毒物质，渗透到地表水或地下水，也会对地下水造成不良影响[194]。

地下水中"三氮"含量分布受地下水流场和地下水化学场的影响。NO_3-N 浓度沿地下水径流方向总体呈降低的趋势；而 NH_4-N 的变化趋势与之相反，高浓度区主要集中在地下水流场的排泄区[201-202]。这可以从氧化还原条件[203]、地下水位埋深等角度进行分析。

地下水环境呈氧化条件时，NH_4-N 在好氧微生物的硝化作用下生成 NO_2-N 和 NO_3-N，由于 NO_2-N 在氧化条件下性质不稳定，进一步硝化形成 NO_3-N，所以 NO_3-N 是地下水中氮化物的主要存在形式。Eh 值越大越有利于硝化过程，NO_3-N 含量随 Eh 值的增高而升高；而 Eh 值越小越有利于反硝化过程，NH_4-N 不断累积，且 NO_2-N 在还原条件下化学性质相对稳定，因此 NO_2-N 含量在还原条件下比在氧化条件下要高[204]。

一般地下水补给区处于氧化环境，含水层颗粒粗、透水性强，地下水水力坡度大，径流产生较快，Eh 值较高，溶解氧含量较高，有利于硝化反应的进行，硝态氮浓度较高；排泄区一般处于还原环境，含水层颗粒较小，地下水水力坡度平缓，径流较为滞缓，Eh 值较低，氨氮的硝化作用受到抑制，硝态氮的反硝化作用得到增强，使得氨氮不断累积，氨氮浓度较高。亚硝态氮浓度较高的分布区基本处于氨氮和硝态氮高浓度分布区的过渡带上[205]。

许多研究表明，地下水氮污染还与地下水位埋深具有相关性，地下水埋深大就意味着包气带厚度大。带负电的包气带土壤胶体对 NH_4-N 有很强的吸附固定作用[206]，氮化物进入较厚的包气带，经过充分的吸附固定、氨挥发、淋滤以及微生物的硝化作用后，大部分 NH_4-N 被吸附转化，使 NO_3-N 成为补给区地下水中最主要的淋溶态氮[201]；而较浅的地下水位会使地下水易受到氮污染[207-209]。如呼和浩特大黑河下游一带地下水埋深浅，同时养殖业发达，降水和淋溶作用使部分地表的硝态氮通过包气带，由于水位埋深浅，污染物容易进入地下水。随着地下水中污染物含量的增加（特别是有机污染物），溶解氧被消耗殆尽，地下水处于较强的还原环境，硝化作用减弱，使该区 NH_4-N 能够稳定存在并不断地累积[201]。

第二章 研究区概况

第一节 地 理 位 置

土默川平原（呼和浩特盆地）位于内蒙古自治区中部，地理位置为东经110°00′～112°00′，北纬 40°10′～41°00′，面积约为 8000km² （图 2-1）。在行政区划上主要包括呼和浩特市区、土默特左旗、土默特右旗、和林格尔县的部分地区及托克托县。研究区北靠大青山、东邻蛮汉山和林格尔台地，南部及西南濒临黄河，构成了一个完整的水文地质单元。研究区交通便利，以呼和浩特为中心，铁路公路四通八达，民航通往全国各主要城市；华北、西北地区的大动脉京包铁路也穿越本区；呼和浩特市区东部 15km 处为白塔国际机场；G110 和 G209 国道，S29、S31、S101 以及 S103 等省道，呼包、呼大及绕城等高速公路均在研究区内穿越。研究区内各旗县（区）间、乡镇间、乡村间均有良好的硬化公路彼此贯通。

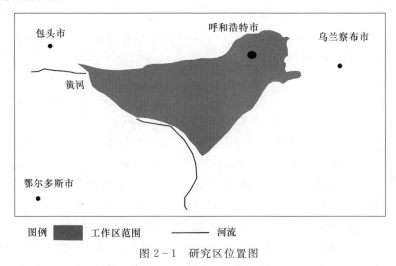

图 2-1　研究区位置图

第二节 气 象、水 文

土默川平原降水量少，蒸发强烈，属于典型的干旱-半干旱大陆性气候。研

14

究区春季少雨干燥，夏季短暂炎热，秋季凉爽低温，冬季严寒漫长。降水主要集中在 6—9 月，多年平均气温为 7.5℃，日最高温和最低温分别为 37.1℃ 和 −30℃；区域多年平均年降水量为 408mm，一般介于 300～450mm 之间；多年平均年蒸发量为 1800mm，一般介于 1700～2000mm 之间。

研究区内地表水系主要有大黑河、小黑河、什拉乌素河及南部的黄河，北部山区的河流多无法汇入其上一级河流，成为断流河；湖泊主要为哈素海。由于气候干旱，降水量少，多年来很少发生洪流（图 2-2）。

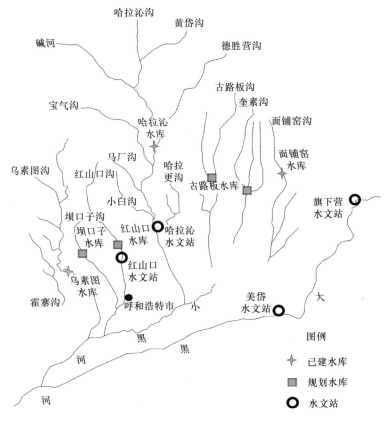

图 2-2　平原区河流水系分布图
（注：图中部分水系进入平原后变为潜流）

黄河经研究区西部边缘镫口入境，至南部的河口镇出境，过境距离超过160km。研究区多年水文资料显示，年内黄河流量和水位季节幅度变化较大，一般 8—9 月达到最高，5—6 月降至最低，2015 年黄河平均流量为 452.4m³/s。多年平均年径流量达 292.98 亿 m³，常年配给本区的水量为 3 亿 m³ 左右，为本区的主要灌溉水源。

大黑河为黄河北部的一级支流，属于季节性河流。大黑河发源于乌兰察布市卓资县骆驼脖子的坝顶村，之后向西流经呼和浩特市南郊，接纳来自北部大青山的五贝滩河、水磨沟、哈拉沁沟及枪盆河等24条不同的支流，最终流至托克托县河口镇以南汇入到黄河。据《呼和浩特市防汛水情资料汇编2013》（梁志明等编），大黑河干流总长为238km，总流域面积达12361.5km²，最大洪水流量为2190m³/s。根据美岱召水文站相关资料，2014年大黑河平均流量为0.12m³/s。大黑河水系的特点主要表现为位于山间上游的干流和支流均有固定流动路径，而在汇入到平原区时则无固定流路，主要原因是河道多被灌渠占用，导致河流水系紊乱，排泄不畅。

哈素海位于大青山山前倾斜平原南部，土默特左旗西部的哈素乡境内。其东距呼和浩特市区70km，面积约30km²，最大水深3m，平均水深1.7m，是黄河改道遗留的牛轭湖，属大黑河水系外流淡水湖泊。哈素海南岸有民生渠及哈素海退水渠与黄河相通。

美岱沟汇入哈素海，主沟长111.2km，沟口以上流域面积为896km²，年均流量3690万m³，是大青山众多沟谷中最大的一条。

第三节　地　形　地　貌　特　征

土默川平原是三面环山一面临水的开阔型平原。平原北部为大青山山脉，山前一带为冲洪积扇群组成的倾斜平原，中部平缓地带为大黑河冲湖积平原，西南部靠近黄河沿岸的为黄河冲湖积平原，南部主要为湖积台地，湖积台地东南缘与和林格尔丘陵相接（图2-3）。总地势表现为东北高西南低的地形特征，海拔990～1200m，山前地带的地形坡降多为6‰～30‰，平原地区则多在2‰以下。

大青山系阴山山脉的一部分，岩性主要是由太古界片麻岩和侏罗系大青山组砂砾岩组成。地貌表现为纵向切割的中低山地，整个山势陡峻、切割侵蚀严重，沟谷形状多为"V"形和枝权状分布，山前地带可见多级残留的湖岸侵蚀构造阶地。整体海拔为1600～2300m，最高峰达到2337.7m。

土默川平原东部为蛮汉山，岩性主要为太古界片麻岩。山顶浑圆，山坡走势平缓，山体间箱形沟谷较为发育，但沟谷切割程度较浅，海拔为1200～1500m。平原东南部主要为和林格尔丘陵，岩性主要由白垩系、古近系和新近系泥岩及砂砾岩等构成。海拔为1200～1350m，同样表现为山顶浑圆状，山坡走势平缓，沟谷切割程度浅。研究区东部和东南部的丘陵间常见宽谷洼地，周围地形平缓开阔且微向洼地中心和平原处倾斜。此外，玄武岩台状丘陵和位于基岩丘陵外缘由黄土组成的缓坡状丘陵在本区零星可见。大青山山麓南部的冲洪积扇群带与前缘洼地共同组成了山前倾斜平原。冲洪积扇群带由山区南部各沟

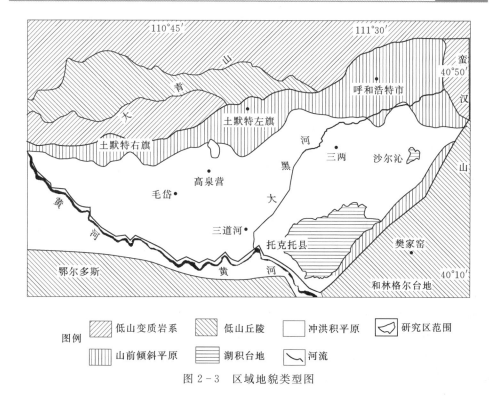

图 2-3　区域地貌类型图

谷之冲洪积扇相连而成，整体呈现为带状分布，在大青山前沿一带沿着东西方向延展 160 余千米，其前缘临近京包铁路一线。冲洪积扇群岩性主要由上更新统至全新统冲洪积砂、砂砾石及砂卵石构成，中夹薄层黏砂土。由西向东，其后缘海拔为 1040～1160m，前缘为 1020～1080m。扇群的轴部常有卵砾石遍布的干河床，在雨季有水流汇集。冲洪积扇前缘洼地呈东西带状分布于冲洪积扇群带的南侧地带，洼地带南缘逐渐与冲湖积平原接壤。海拔由西向东来看，其北缘为 1010～1080m，南缘为 990～1000m。其岩性主要由粉砂、黏砂土、淤泥质砂黏土局部夹薄层泥炭层组成。由于大规模对地下水资源进行开采，导致扇缘地带湿地景观已大部消失。

　　山前倾斜平原以南大致以哈素海—托克托县一线为界，其东为大黑河冲湖积平原区，其西为黄河冲湖积平原区。

　　大黑河冲湖积平原是由现代大黑河冲积河谷地带与近代大黑河冲湖积平原共同组成。现代大黑河冲积河谷地带主要位于平原中部的大黑河沿岸一带，河床及漫滩宽度为 0.2～1.6km。河谷地层岩性从上游至下游由砂砾卵石、砂砾石向砂和黏砂土渐变，厚 5～8m。河谷坡降 1‰～3‰，河谷中无常年流水，局部地区分布有河心新滩。近代大黑河冲湖积平原是由上更新世至全新世的古黑河冲积和河湖交混沉积层组成，湖心区下部为湖积层。岩性主要表现为砂、砂砾石、黏砂土、砂黏质土与淤泥质土互层，厚度东薄西厚，介于 30～130m 之间。大黑河平原整体地势平缓，略向西南一侧倾斜，坡降 1‰～3‰，海拔 995～1120m，西部地势低平，可见大片碱蒿滩地。

黄河冲湖积平原由现代黄河冲积平原和近代黄河冲湖积平原共同组成。现代黄河冲积平原带分布于黄河沿岸，由呈带状蜿蜒的高低漫滩组成，宽 0.2～3km。地层岩性由粉细砂和黏砂土组成。高漫滩平水期时高出黄河水面 1.4～2m，海拔 988～1000m。近代黄河冲湖积平原位于冲洪积扇前洼地以南、现代黄河冲积平原以北一带。主要由上更新世至全新世冲积、湖积之粉砂、细砂、黏砂土以及砂黏土互层等组成。地形整体平坦开阔，向东南方向略微倾斜，地面坡降 1‰～2‰，海拔 990～1015m。

大黑河平原南部一带由于受到和林格尔丘陵前阶梯状断裂的影响，二道凹—托克托县城以南一带逐渐上升形成了湖积台地。台面相较冲湖积平原微有起伏并向北北西缓倾，其后缘坡降大，达 11‰～24‰，前缘坡降小，仅 3‰～7‰，台地上发育着大小不同的冲沟和一些干河谷。台地岩层由中更新统黄绿色粉细砂、砂黏土及粒砂土组成，其下伏地层多为上新统泥岩。台面后缘海拔在 1140m 左右，前缘由西向东海拔为 1000～1050m，一般高出北部平原区 3～5m 及 5～10m，仅西部临近黄河地段一侧高出 40～60m。

第四节　存在的环境地质问题

土默川平原位是内蒙古人口较集中的区域，也是内蒙古工农业和畜牧业发达的地区。该区以不足内蒙古总面积 0.7% 的土地，养育着整个自治区约 13% 的人口（300 万），水资源短缺已经成为制约该区经济发展和人民生活水平提高的瓶颈。受干旱、半干旱大陆性季风气候的影响，该区地表水短缺，地下水长期以来一直是工、农、牧业生产及人民生活用水的主要来源。在自然和人类活动的共同作用下，土默川平原的地下水环境正日趋恶化。

目前主要存在的与地下水有关的环境地质问题如下：

（1）地下水集中开采区（呼和浩特市城南）水位大幅下降，形成地下水降落漏斗，并引起地面沉降。

（2）山前径流带大量开采地下水，导致部分区域潜水出现疏干带。

（3）多个山前截伏流工程的建设，导致山区向平原区补给的地下水量明显减少。

（4）一些区域大量开发地下水用于工农业生产及生活用水，使泉流量减少甚至枯竭（如托克托县神泉）。

（5）局部区域强烈开采承压水使承压水位大幅下降，导致潜水向下的越流量增大，承压水水质出现恶化；部分井管没有进行有效的分层止水，使多个含水层发生有效的水量交换，导致水质下降。

（6）引黄河水灌溉，导致土壤盐渍化问题加重。

（7）由于农业生产大量的使用化肥、畜牧养殖废水及废物的管理不善，导致一些区域地下水中氮化物浓度明显升高。

（8）工业废水不合理的排放，废水池的泄露等导致地下水污染。

（9）呼—包高速两侧绿化带建设使地下水蒸发蒸腾量增大，北部大青山区向平原区补给的地下水量明显减少。

（10）城市面积扩大、河道防渗使降雨和山洪对地下水的补给量大幅减少。

（11）受含水层沉积特征及水文地球化学环境的影响托克托县高氟、哈素海区域高砷水大面积分布。

（12）强烈的蒸发浓缩导致平原潜水位埋深较浅区域地下水含盐量过高。

第三章　土默川平原水文地质

第一节　水文地质概况[1]

　　土默川平原在长期的地质构造作用下逐渐形成了一个沉降幅度较大的菱形断拗陷盆地，并在其上沉积了巨厚的白垩系至第四系地层，其间赋存若干的含水岩组。由于古地理环境影响的变化，湖盆内地层中的各含水岩组在水平方向演化出了不同岩相和岩性分带，同时在垂直方向上形成不同的含水岩组类型。

　　盆地周边的阶梯式断裂导致断陷盆地的形成，也是影响区域水文地质条件的首要因素。北部大青山山前断裂规模大，同时在山前冲洪积扇群下部常有阶梯式隐伏次级断裂，它明显地影响着扇群带含水组的岩性、厚度、水量等的分布特点。近于南北向微弧形的乌素图断裂又将中东段分割。东段抬升，前第四系埋藏浅，第四系厚度薄，西段却相反。山前断裂规模大的西端，沉降幅度大，第四系堆积厚度大，但扇群带却较中东段窄。盆地南部发育于前第四系和第四系中的近于平行的两条断裂，使白垩系、古近系和新近系抬升，南北向宝贝河断裂也造成了东西两段的差异。东段抬升较小，上覆较薄的第四系上更新统至全新统含水组，缺失中更新统下段，下部主要为古近系-新近系砂砾岩和玄武岩含水组。西段邻接丘陵的台地中后缘，主要为白垩系、古近系和新近系含水组，前缘和毗连地带为中更新统含水组。盆地东部也有断裂存在，前第四系顶板常为陡坡，第四系含水组厚度较小。

　　受断裂的影响，盆地内各地段的沉降幅度各不相同，由沉降幅度小的湖盆边缘至沉降幅度大的湖盆中心，古地理环境截然不同，大致形成了冲洪积的陆相带，冲湖积的湖滨带和湖积的湖心带。由于这一原因，水文地质条件也相应地出现了类似的分带。北部山前上部冲洪积扇群带和下部湖滨古冲洪积扇群带，东部河谷带和下伏湖滨古大黑河三角洲，水文地质条件良好，湖盆内由远湖滨带至浅湖带、湖心带，水文地质条件逐渐变差。在垂直方向上，一般上部水质

---

　　[1]　本书的水文地质资料主要参考了《内蒙古自治区地下水》，内蒙古自治区国土资源厅、内蒙古自治区地质矿山勘察开发局，2004 年；《内蒙古自治区呼包平原水文地质工程地质环境水文地质综合勘察报告》，内蒙古地矿局水文地质工程地质队，1985 年 11 月。

较下部好，尤其西南部的沉降中心更为显著。

土默川平原内巨厚的沉积物中，主要是以白垩系下统、新近系中上新统及第四系岩层为主，其中存在着相应时期的含水岩组，并分别赋存有裂隙孔隙水、孔隙裂隙水以及孔隙水。虽然它们在区域内所处的空间位置不同，但都与外界产生不同程度上的补排关系，并在特定的条件下（断裂沟通或经弱透水层越流）发生相互联系，形成有再补给的地下水源。在区域内，厚度较大且稳定性较强的第四系上更新统至全新统含水岩组拥有较好的补给条件，成为平原内地层中的主要供水含水组，而中更新统下段的含水岩组供水条件次之。至于其他的含水组，在研究区分布零星，富水性较弱，一般只有在局部小范围有一定的供水意义。

第二节　含水岩组分布特征

由于不同含水岩组沉积环境的差异，加之区域范围较大，因而土默川平原地区的地下水埋藏条件各不相同，难以用单一的地下水含水岩组类型对整个区域的地下水分布特征及其演化规律进行完整的划分和概括。所以本书以地质时代单元划分地下水含水岩组为基础，在研究水位、水量、水质的变化规律时，以分布广而稳定且具有供水意义的上更新统—全新统含水组和中更新统下段含水组为主体，将边缘地带埋藏在100m以上的与上更新统—全新统含水组地下水有水力联系的前第四系含水组中地下水统归于浅层水一起予以研究；同样以中更新统下段含水组为主体，将100m以下的边缘带前第四系含水组中地下水归于深层水一起考虑。

一、第四系上更新统—全新统含水岩组

土默川平原除南部台地西段外，上更新统—全新统含水组分布广泛而稳定。由于古地理环境和地质构在区域上存在差异性，不同地带的地下水含水岩组的埋藏条件、岩性特征、空间展布、流动特征、水质水量及成因规律等也不尽相同，但基本形成与古地理环境分带相似的变化规律。

就本研究区地下水含水岩组的岩性、流动特征和成因而言，总的规律是由山前边缘地带的冲洪积、冲积砂砾卵石及砂砾石至湖盆内逐渐变为冲湖积砂砾、中粗砂、中细砂及细粉砂。山前扇群带冲洪积砂砾卵石由上部至中前缘，由扇轴至扇间逐渐变细，且黏性土夹层增多。东部大黑河—什拉乌素河地带的冲积砂砾卵石含水层由上游至中下游，由河谷至河间逐渐变细，且黏性土层也随之增多增厚。东南的程家营宽谷洼地内堆积冲洪积砂砾卵石，且有不稳定的带状分布的特点。上述地区的地下水沿着岩性变化的方向随着黏性土层的增多

和变厚，地下水类型也由潜水渐变为微承压、承压水乃至自流。平原内部由湖滨带—浅湖带—湖心带的方向演变，其含水岩组的成因均可归属为冲湖积的混合类型，岩性由砾砂、中粗砂渐变为细中砂—中细砂至粉细砂—细粉砂—粉砂，多含半承压—承压水。此外，在南部宝贝河口的土城—四铺—此老一线古河道中堆积砂砾卵石层呈带状，嵌于湖滨带细砂和细中砂地段中，常含较丰富的潜水。

图3-1给出了土默川平原内第四系上更新统—全新统含水层底板埋深的变化规律。在大青山山前扇群地带的乌素图以东地区，底板埋深多为20～40m，厚度一般在20m以下。乌素图以西由于沉降幅度相对较大，底板埋深由东端倘不浪村至西端沙尔沁逐渐变深，埋深从24m渐变为190m，厚度也从14m增大至157m。东部河谷地带底板埋深为20～30m，厚度为10～28m。宝贝河口古河道内底板埋深为11～13m，厚4～7m。湖盆内部由于受古地理环境的控制，存在着由湖滨带至湖心带的演化过程。底板埋深从东向西表现为由浅变深，厚度由34m增至101m。西部湖心带沉降中心底板埋深由黄河北岸的10m渐增至91m，厚度由10m增至80m。平原区中东部白庙子—沙海子一带，由于万家沟、水磨沟大型冲洪积扇的影响，逐渐形成了两个南伸的舌形带，前者底板埋深为70～114m，厚37～83m；后者底板埋深为70～76m，厚67～70m。

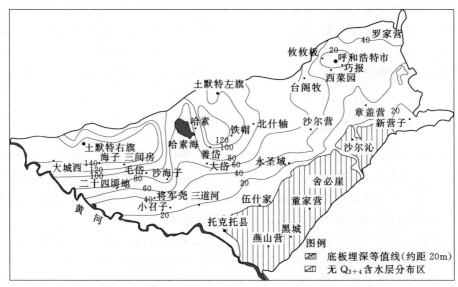

图3-1 第四系上更新统—全新统含水层底板埋深图

该含水层的地下水位埋深受地形特征的影响显著。由图3-2中可见，山前扇群带中上部多在60m之上，扇群前缘东段为5～20m，西段则为5～10m。平原内部多为1～5m，仅三两—白庙子—七圪台的河间地段、中部的三间房—陕西营和西部巴拉亥—海子—二十四顷地—将军尧等地为3～5m。

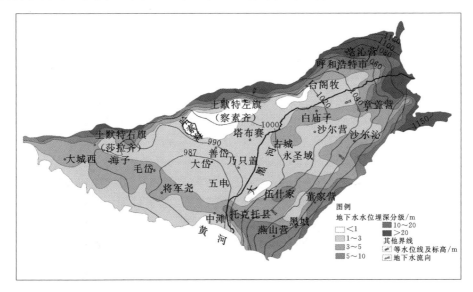

图3-2 第四系上更新统—全新统地下水水位埋深及等水位线图

该含水岩组水量大小与岩性、厚度及径流强弱有着紧密相关性，一般在湖盆边缘地带地下水径流良好，粗粒厚，含水量丰富；而在湖盆内，特别是湖心带区域，径流不畅而粒径细，水量不大。大青山山前和东部河谷地带的水量相对丰富，属于本区富水地带。山前扇群中段、东部大黑河河谷一带涌水量多在 $1000m^3/(d \cdot m)$ 以上，其余地段的涌水量也多为 $500～1000m^3/(d \cdot m)$，仅乌素图以东山前扇群带，由于长期无节制开采，地下水均衡被打破，含水层逐渐被疏干，加之含水层较薄，涌水量多在 $500m^3/(d \cdot m)$ 以下。山前扇群带西段下部为咸水，上部淡水涌水量为 $100～500m^3/(d \cdot m)$。东部河间地带涌水量最小值仅为 $247～344m^3/(d \cdot m)$。平原内由东北至西南，地下水涌水量由 $100～500m^3/(d \cdot m)$ 递减为 $50～100m^3/(d \cdot m)$，甚至小于 $50m^3/(d \cdot m)$。南部湖积台地边缘含水岩组厚度极薄且粒细，涌水量仅 $8～30m^3/(d \cdot m)$。水化学类型和地下水的矿化度总规律如下：哈素海以东由东北向西南，以西由北向东南，由 $HCO_3 - Ca \cdot Mg$、$HCO_3 - Na \cdot Mg$、$HCO_3 \cdot Cl - Na$、$Cl \cdot HCO_3 - Na$ 至 $SO_4 \cdot Cl - Na$、$Cl \cdot SO_4 - Na$、$Cl - Na$ 的顺序递变，TDS 由 $0.2g/L$ 渐增至 $18g/L$，属上淡下咸的双层水质结构；山前倾斜平原西端公积板—海岱处 $30～40m$ 以上为 TDS 小于 $3g/L$ 的淡水，下部为大于 $3g/L$ 的咸水，也属于双层水质结构。

二、第四系中更新统下段含水岩组

土默川平原内第四系中更新统下段含水岩组分布较为普遍，仅在东部边缘

23

和南部台地中后缘地带缺失，且在西部 200～250m 深度范围内未揭露。

该含水岩组水文地质条件的形成与同期古地理环境关系密切。北部大青山山前近滨带岩性主要为砂砾卵石夹砂砾石、砾砂，远滨带含水层中夹杂少量淤泥质。东部南地—格此老村大黑河古湖滨三角洲岩性主要为砾卵石，前缘变细为砂砾石、砾砂和中粗砂。湖盆内由浅湖带至湖心带，其岩性由中砂、中细砂渐变为细砂、粉细砂和粉砂，呈薄层状夹于巨厚的淤泥质土层中。

含水岩组顶底板理深和厚度与湖盆内的古地理位置密切相关。东部地区该含水岩组多被揭穿，中西部一般在 500m 深度内未见底。该含水岩组顶板埋深的变化规律，总趋势由东而西、由南而北逐渐加深，在北什轴—北圪堆一带达到最深。南部台地前缘和湖盆内的浅湖带，顶板为斜坡，其埋深由 34m 递深至 192m。乌素图断裂以西的山前地带沉降幅度较大，顶板埋深为 90～218m。一般在主要沟谷口，均有一个略为浅埋的舌状突出带，其中水磨沟处表现得最为明显。东部边缘，情况较为复杂。大黑河古河口处为一规模较大的舌状突出，其埋深仅 30～74m。攸攸板村局部隆起处较浅，多为 55～67m。图 3-3 揭示了东

图 3-3 土默川平原东部第四系中更新统下段含水岩组厚度等值线略图

部地区含水岩组度厚变化概略情况，表现为由东向西逐渐增厚。图 3-4 为东部含水岩组水位等值线标高，可见由东向西从 1075m 渐降至 1045m，大致在讨号板村—保全庄—章盖营—此老一线以东为水位埋深在 16m 以下的承压水，以西为自流水，最大水头高度可达＋20m 以上。从含水岩组的水量来看，东部大黑河古湖滨三角洲一带最大，涌水量在 1000m³/(d·m) 以上，山前湖滨带也能达到 1000m³/(d·m) 左右，而湖滨前缘地带一般介于 500～1000m³/(d·m)，向湖盆内部逐渐递减为 100～500m³/(d·m) 和 50～100m³/(d·m)，而西南部和黄河北岸、湖积台地前缘涌水量多小于 50m³/(d·m)，最小值在 10m³/(d·m) 以下。就水质而言，除哈素海南部、西南部和黄河北岸为 TDS 大于 3g/L 的 Cl·HCO$_3$-Na、SO$_4$·Cl-Na、Cl·SO$_4$-Na 和 Cl-Na 型水外，东部、东北部均为 0.30～1.0 g/L 的 HCO$_3$-Ca·Mg、HCO$_3$-Ca·Na 型水，其间有狭带状分布的 TDS 为 1～3g/L 的 HCO$_3$-Na·Mg 型水。

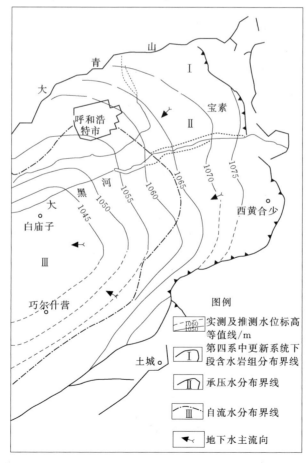

图 3-4　土默川平原东部第四系中更新统下段含水岩组水位等值线略图

25

中更新统上段含水岩组岩性为静水湖成因的中细砂和粉细砂层，薄而不连续，含水量小，难以作为单一的含水岩组划分。只在古大黑河河口的近湖滨带，涌水量可达 $200 \sim 600 m^3 /(d \cdot m)$，其余绝大部分地区供水意义不大。

三、第四系下更新统含水岩组

该含水岩组只在土默川平原东北部揭露，上部为泥砾，下部为夹于黏土中的砂砾石层。就个别勘探钻孔的试验值看，涌水量也达 $95 \sim 449 m^3 /(d \cdot m)$，具有一定的供水价值。水质较好，矿化度小于 $1 g/L$，为 $HCO_3 - Ca \cdot Mg$、$HCO_3 - Mg \cdot Ca$、$HCO_3 - Na \cdot Mg$ 型水。

四、古近系和新近系含水岩组

分布于土默川平原东南部、东北部和南部湖积台地地区。含水岩组岩性多为砂砾岩，东南部在该组下部见 $1 \sim 3$ 层玄武岩。前者为裂隙—孔隙水，后者为孔隙—裂隙水，均属承压水。该含水岩组的不稳定性较强，含水层内充填泥质较多，厚度变化为 $3 \sim 80 m$。由于上覆泥岩的厚度和致密性的不同，导致下覆含水层的承压性强弱也不相同，东北部承压性弱，东南部和南部较强，雅达牧、豆腐窑、高头窑等地局部自流，水位变化为 $4 \sim 63 m$，水量大小不一，变化为 $2 \sim 883 m^3 /(d \cdot m)$。

五、白垩系下统含水岩组

该含水岩组主要赋存于南部湖积台地的中后缘，岩性以砂砾岩为主。在台地中后缘勘察揭露，深度 $400 m$ 内断续分布有砂砾岩和砂岩，而含水层主要赋存于 $200 m$ 深度。含水岩组厚一般为 $32 \sim 112 m$，水位 $3 \sim 41 m$，局部为高出地表的自流水。由于胶结程度、裂隙发育程度、泥质含量不同，水量变化较大，涌水量为 $4 \sim 80 m^3 /(d \cdot m)$，仅中后缘稍大，可达 $200 m^3 /(d \cdot m)$。台地前缘含水层颗粒逐渐变细，厚度也相应减少，含水岩组厚度多为 $34 \sim 39 m$，水位埋深 $16 \sim 22 m$，涌水量小于 $30 m^3 /(d \cdot m)$。宝贝河以东山前地段，含水层埋藏较深，一般在 $200 m$ 深度内含水岩组厚仅 $10 \sim 13 m$，水量极小，涌水量仅为 $0.1 \sim 5.2 m^3 /(d \cdot m)$。水质尚可，矿化度 $0.2 \sim 1.0 g/L$，为 $HCO_3 - Ca \cdot Mg$、$HCO_3 - Mg \cdot Ca$、$HCO_3 - Na \cdot Mg$ 型，只在台地中段北缘的同昌营、董家营局部地段，TDS 为 $0.8 \sim 1.4 g/L$，为 $HCO_3 \cdot SO_4 - Na \cdot Mg$、$Cl \cdot HCO_3 - Na \cdot Ca$ 型。

第三节 含水系统类型及特征

按含水介质类型，研究区地下水包括第四系孔隙含水系统、玄武岩孔隙裂隙含水系统、古近系和新近系砂岩裂隙含水系统、白垩系砂岩孔隙裂隙含水系统，由于后三种或分布范围小或埋深过大，不具有重要的供水意义，因此以下主要对四系孔隙含水系统的分布、结构、岩性及参数等特征进行分析。

一、第四系孔隙含水系统

第四系孔隙含水系统的形成由于受新构造运动和气候演化的影响和控制，特别是在中更新世晚期以来湖相沉积的累积，在研究区中部地带逐渐形成了稳定厚度的淤泥层，将整个第四系孔隙含水系统在垂向上分割为上部的潜水含水层和下部的承压含水层；而平原区周围山前地带多以粒径较粗的冲洪积沉积物为主，形成了上下连通的单一结构潜水含水层。因此研究区孔隙水含水系统可以此划分为三种类型：单一结构潜水含水层、浅层含水层及承压含水层。

1. 单一结构潜水含水层

单一结构潜水含水层厚度指潜水面至含水层底板的厚度，含水层底板埋深指地表至含水层底板的距离，反映了含水介质的厚度。含水介质厚度与含水层厚度总体上是南薄北厚，岩性也是南细北粗（图3-5）。

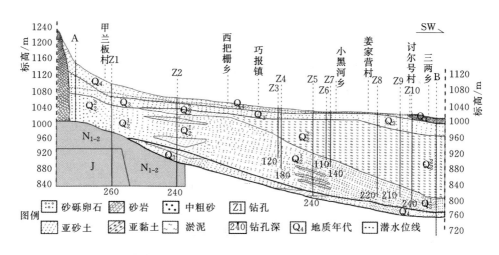

图3-5　大青山山前近北东向水文地质剖面（剖面位置见图3-6）

北侧大青山前含水介质厚度较大，从东侧哈拉沁沟处的50～100m逐渐增加到中部水磨沟的200m，再增加到西部万家沟的最大300m以上。含水层厚度从20～60m增加到大于100m。含水层岩性以粒径较大的卵砾石、砂砾石为主，富水性很好，涌水量一般大于 5000m³/d。

东侧蛮汉山前含水介质与含水层厚度均较小，含水介质厚度一般为 20～50m，大黑河古河道局部大于 100m。含水层岩性以卵砾石为主，局部分布粉细砂，富水性相对较好，大黑河出山口及古河道涌水量大于 5000m³/d。

第四纪以来，南侧托克托至和林格尔台地持续抬升，沉积了较薄的含水介质。托克托台地（宝贝河以西）含水介质厚度受 3 条横向断裂的控制，从研究区边界向淤泥层边界含水层厚度由小于 10m 向大于 30m 变化，靠近山前地区甚至局部疏干。含水层岩性以粉细砂为主，富水性较差，涌水量小于 100m³/d。和林格尔台地（宝贝河以东）含水介质厚度一般介于 30～50m，靠近淤泥层处局部大于 50m。含水层厚度一般小于 20m。含水层岩性以砂砾石、粉细砂为主，但富水性较贫乏，涌水量 100～500m³/d。

2. 浅层含水层（平原内部潜水含水层）

含水介质厚度与含水层厚度总体上是东薄西厚、南薄北厚，岩性颗粒由东向西、由北向南变细（图 3-6、图 3-7）。

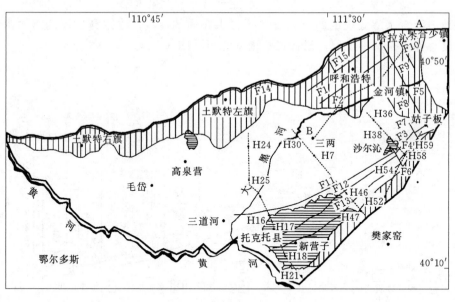

图 3-6　剖面位置图

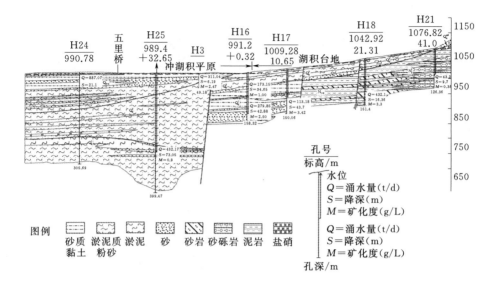

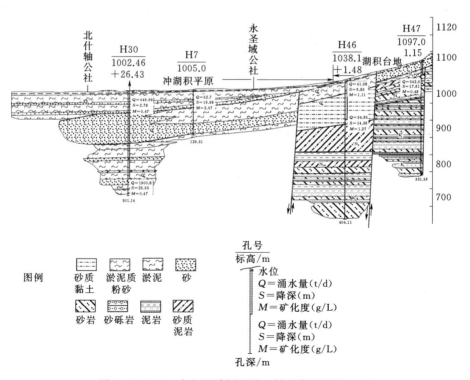

图 3-7（一） 水文地质剖面图（剖面位置见图 3-6）

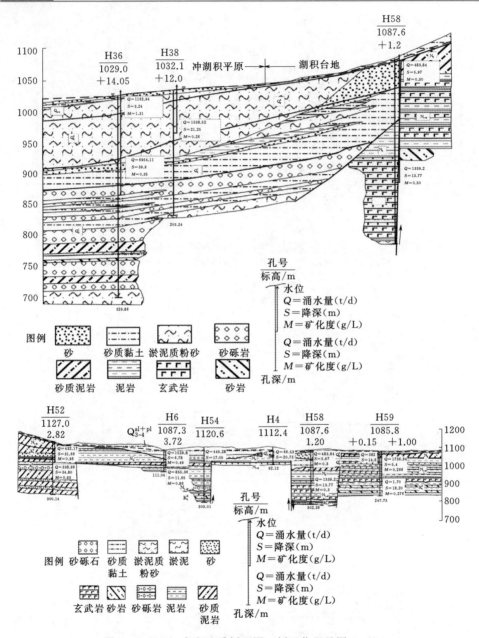

图 3-7（二）　水文地质剖面图（剖面位置见图 3-6）

　　浅层含水层东部及南部（白庙子乡以东、古城乡以南）含水介质厚度为15～50m，厚度最薄的区域位于伍什家乡至桥尔什营乡一带，厚度仅有15m左右。呼和浩特市城区北部及黄合少镇山前地带该含水层局部出现疏干区；白庙子乡附近含水层厚度相对较大，为20～60m。在东部区域含水层岩性主要是以砂砾石、粗砂为主，富水性相对较好，涌水量大于 $1000m^3/d$；南部区含水层岩性主要以粉细砂为主，富水性较差，涌水量小于 $500m^3/d$，托克托县附近甚至小于 $100m^3/d$。

浅层含水层西北部（白庙子乡以西、古城乡以北）含水介质厚度快速增厚，最大厚度超过 100m，主要分布于只几梁乡至善岱镇附近。含水层厚度为 $40\sim100m$，与含水介质厚度分布规律一致。含水层岩性从山前到平原区中部逐渐由砂砾石向中粗砂、粉细砂过渡，单层厚度一般小于 10m，向平原区中部单层厚度逐渐变小，富水性从大于 $3000m^3/d$ 向小于 $500m^3/d$ 过渡。由于该区含水层内的黏性土夹层增多，浅层水具微承压性质。

3. 承压含水层

承压含水层厚度空间变化规律与浅层含水层类似，总体上是从山前到平原区中部逐渐增大，但承压含水层厚度比浅层水要大得多，最大超过 300m，主要分布在平原区的西北部；岩性由东北向西南逐渐变细。

承压含水层东部（白庙子乡以东）含水层厚度基本小于 300m，最小约 50m，主要分布在金河镇至黄合少镇之间；东北部呼和浩特市城区附近含水层厚度为 $100\sim200m$；东南部盛乐镇含水层厚度为 $50\sim100m$。含水层顶板埋深从 60m 向西逐渐加深至 180m。含水层岩性以卵砾石、砂砾石为主。卵砾石层分别分布在呼和浩特市的新城区和回民区的哈拉沁沟古冲洪积扇影响带，以及金河镇和黄合少镇南部大黑河古冲洪积扇影响带，这些地区富水性极好，涌水量大于 $5000m^3/d$，其中新城区和回民区正是城市集中供水最主要开采位置；砂砾石及中粗砂分布在除卵砾石层之外的其他地区，富水性也相对较好，涌水量最小约 $1000m^3/d$，最大接近 $5000m^3/d$。

承压含水层西北部（白庙子乡以西、古城乡以北）含水层厚度多超过 300m，只有靠近山前地区的含水层厚度较小，为 $100\sim200m$。但是，总体来讲，西北部含水层顶板埋深较大，多大于 200m，最小也在 100m 左右。含水层岩性主要以细砂、中砂为主，山前分布有少量的卵砾石和砂砾石，往平原区中部善岱镇分布有粉砂，且单层含水层厚度相对较薄，一般小于 $10\sim15m$。除山前较富水外（$1000\sim3000m^3/d$），其他地区富水性一般较差，涌水量小于 $1000m^3/d$，甚至小于 $100m^3/d$。

承压含水层西南部（白庙子乡以西、古城乡以南）含水层厚度变薄，最小厚度小于 50m。含水层底板埋深也逐渐变浅，但是含水层岩性也逐渐变细，单层厚度更薄，主要岩性为粉砂，局部分布有细砂，富水性较差，除局部为 $100\sim500m^3/d$ 外，大部分地区小于 $100m^3/d$。

二、玄武岩孔隙-裂隙含水系统

玄武岩含水层厚度指从第一个含水岩段的顶板到最后一个含水岩段底板的

距离。从蛮汉山山前丘陵到冲湖积平原方向，玄武岩含水层厚度从最大超过80m逐渐减小到少于20m。含水层厚度较大的两块分别位于土城子乡北部和程家营乡西南方向，与该地区玄武岩的开采范围相对应。含水层顶板埋深山前较小，为50～100m，向平原区方向逐渐变大，最大埋深约200m。玄武岩分布区中部北西向断裂两侧顶板埋深存在明显差异，反映了断裂两侧地层不同的升降历史。

气孔发育的玄武岩为较好的富水岩段，根据钻孔资料，单个含水岩段厚度通常只有几米，最大一般不超过10m，富水性差异也较大，涌水量最小约100m³/d，最大约1000m³/d。

三、淤泥质黏性土层

淤泥质黏性土层（简称淤泥层）属中更新统上段（Q_2^2）地层，在区内广泛伏于上更新统之下，是分割浅层含水层与承压含水层的地层。本书根据收集钻孔及施工钻孔资料，对淤泥层边界及淤泥层厚度进行阐述。

总体上，从山前向平原区中部淤泥层厚度逐渐增大，在塔布赛一带最厚，达170m。北部大青山山前向平原区中部方向淤泥层厚度迅速增大，只有在万家沟、水磨沟、哈拉沁沟等较大沟口的冲洪积扇影响带，淤泥层厚度相对较薄，厚度为10～30m。东部蛮汉山前及南部湖积台地，受新构造运动影响，地形持续抬升，淤泥层厚度缓慢增加，增厚梯度明显小于北侧大青山。在大黑河古河道、什拉乌素河及宝贝河冲洪积扇影响下，淤泥层厚度也存在明显变薄的趋势，厚度小于10m，这些地带正是浅层水与承压水发生水量交换的有利地带。

淤泥层的岩性主要为湖相沉积的淤泥质黏土，但淤泥层并不连续，特别在靠近山前地带，淤泥层夹有薄层的淤泥质粉砂、粉砂质淤泥等，具有明显的水平细纹层理。

第四节　地下水富水性分布特征

一、潜水富水性分布特征

1. 松散岩类孔隙水

土默川平原由大青山、蛮汉山山前倾斜平原与大黑河和黄河冲积平原组成。山前倾斜平原主要由一系列的冲洪积扇构成，含水层时代为第四系全新统至上更新统，含水层岩性在扇形地中上部为砾砂、砂卵石，下部变细，为粗砂、中细砂、粉细砂。含水层厚度一般为10～110m，水位埋深由扇顶至前缘27.5～2.5m。涌水量总体由北向南减小，大青山山前涌水量一般大于1000m³/d，土默特左旗至呼和浩特市南一带涌水量较大，大于 3000m³/d，南部涌水量一般为 100～500m³/d。黄河冲积平原含水层岩性为第四系全新统至上更新统中粗砂、中细砂、粉砂，含水层厚度 5～30m，水位埋深一般为 1～3m，涌水量一般小于 100m³/d（图 3-8）。

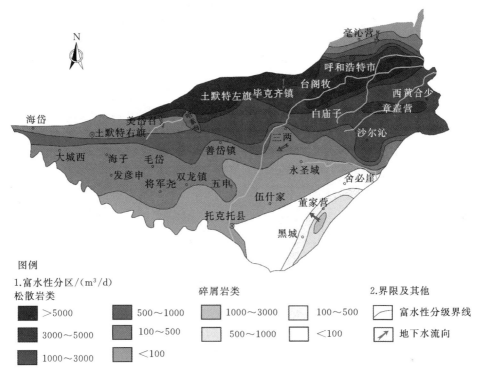

图 3-8　潜水富水性分区图

（参考《内蒙古自治区地下水》，内蒙古自治区国土资源厅，2004 年）

2. 碎屑岩类裂隙-孔隙水

该含水岩组分布于呼和浩特市南部的湖积台地东部，含水层岩性为白垩系下统砂砾岩、中砂岩和细砂岩。地下水水位埋深 3.5～41.2m。由于胶结程度、裂隙发育程度以及泥质含量不同，其水量变化幅度较大，涌水量一般小于 100m³/d，仅在台地后缘董家营至黑城一带水量较大，涌水量为 500～1000m³/d。

3. 地下水补给、径流排泄条件

大青山和蛮汉山前倾斜平原第四系孔隙潜水主要接受大气降水、第四系沟谷潜水、地表水渗入、农田回灌以及基岩裂隙水的侧向补给。沿山前向南径流，在冲洪积扇前缘以湖泊、湿地形式蒸发排泄，以及人工大量开采消耗。黄河冲积平原地下水主要以黄灌水下渗补给，其次为大气降水及北部冲积洪积扇地下水的补给，以潜水蒸发排泄为主。

二、承压水富水性分布特征

承压水主要指松散岩类孔隙承压水，含水岩组时代为第四系中更新统下段，普遍分布于土默川平原地区（图3-9）。

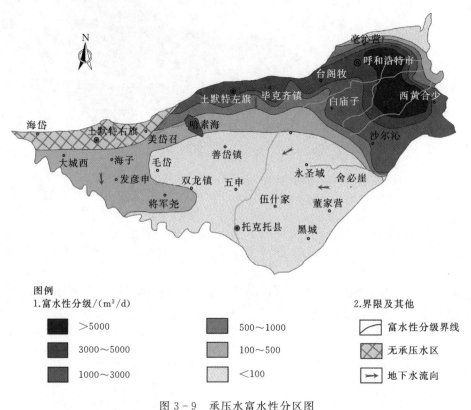

图3-9　承压水富水性分区图

（参考《内蒙古自治区地下水》，内蒙古自治区国土资源厅，2004年）

1. 松散岩类孔隙承压水

含水岩组岩性主要为第四系中更新统下段砂、细砂、粉砂，含水层厚度一般为20～100m，顶板埋深在冲洪积扇中心埋深大，扇的边缘埋深变浅，一般为50～100m。涌水量在呼和浩特市及土默特右旗山前涌水量大于1000m³/d。呼和浩特市八拜至章盖营一带涌水量最大，大于5000m³/d，向西南及东北方向水量减小，土默特右旗双龙镇至托克托县永圣域一带涌水量小于100m³/d（图3-9）。

2. 白垩系孔隙-裂隙承压水

该含水岩组分布于呼和浩特市南部的湖积台地，为以白垩系下统为主，上覆薄层古近系和新近系上新统的半胶结砂砾岩（近代沟谷的局部地段有薄层上更新统至全新统松散砂砾卵石孔隙潜水零星分布）。含水组顶板埋深 24～62m，厚度 39～111m，水位埋深多小于 10m，后缘中段乃同营—古尔什的近山地带水位埋深为 10～20m。该含水层水量小且不太稳定，大部分地区单位涌水量为 6～36m³/(d·m)，后缘略大，黑城—东营子一线约在 58m³/(d·m)，临山的乃同营—大甲赖—占尔什地段可达 117～207m³/(d·m)，水质尚可。徐家大—董家营—挠板申一线以南为矿化度小于 1g/L 的 HCO_3 - Na·Ca、HCO_3 - Mg·Na、HCO_3·Cl - Na·Mg 型水；以北稍差，矿化度为 1.1～2.4g/L 的 Cl·HCO_3 - Na·Mg、Cl·HCO_3 - Na、Cl·SO_4 - Na 型水。

　　3. 地下水补给、径流、排泄条件

　　土默川平原第四系中更新统下段承压水，主要靠山区基岩裂隙水的补给，地下水流向由东北向西南流动，由于地下水大幅度开采，使得承压水水位大幅度下降，排泄主要靠人工开采消耗。

第五节　地下水的形成与循环条件

　　众所周知，地下水是储存于地下储水介质（含水层）中的，而含水层是在地层沉积过程中由湖盆外围的洪流携带的之粗粒物质堆积而成。当湖水干涸成陆后，降水和地表水（平原内产流和平原外分水岭内注入）渗入转化并在其中循环，而成为具有再生性的地下水源。

　　土默川平原周围分水岭内山地丘陵总面积达 12378km²。在整个范围内大气及降水渗入形成的沟谷地下潜流均沿着山前断面补给平原内的地下水，而沟谷地表水流汇入平原区后，除水面蒸发和滞留在包气带内的水分外，剩余部分都向下渗入补给到地下水中。可见分水岭内山地丘陵是平原内地下水主要补给区，平原内随着古地理环境和近代地貌的差异以及地下水位深浅不一，又形成了径流强弱的分带性和排泄方式的差别。前节所述的区域性两套含水组由于所处空间位置不同和其间的稳定淤泥质土的阻隔，其补给条件和循环过程也有着明显的差异。

一、山前倾斜平原潜水

　　大青山山前倾斜平原地带的上部为冲洪积厚层砂砾卵石，下部以古湖滨砂砾卵石为主，其间无稳定的隔水层，加以临近补给区，地下水水力坡度为 1‰～3‰，故地下水处于强径流带。山前区域地下水埋藏较深，因此大气降水和地表水的补给都相对有限。在山前倾斜平原的前缘地带，上更新统—全新统与中更新统下段含水组间出现了较稳定的中更新统上段隔水淤泥质土层，来自中后缘的地下潜流以淤泥层为界，分别对上下含水岩组进行了补给。其中，上部含水岩组为潜水，除获得山前侧向径流补给外，还能获得地段内大气降水的入渗补给。该区地下水水力坡度开始趋于平缓，略小于中后缘，属于较强的地下水径流带。由于上更新统—全新统含水组地下水位较浅，潜水蒸发是不可忽略的排泄方式之一。目前山前倾斜平原是主要的城镇分布地带，人为开采已成为局部地下水排泄的重要途径之一。

由于南部丘陵地区分水岭内范围狭小，山前冲洪积扇零散而不成群，因此上覆第四系堆积物薄而含水层分布不稳定。前第四系地层出露位置较高，局部地区甚至直接见于地表，岩性主要为夹淤泥质岩石中的砂岩和砂砾岩，其渗透性较弱，远不及大青山山前冲洪积砂砾卵石层，导致来自丘陵区的侧向径流补给量较小；此外，由于地下水位埋藏较深，山前地段内降水渗入补给量也较小。尽管如此，处于地势较高湖积台地上的含水层中的地下水，仍属于径流条件较好的地带。不稳定分布的第四系潜水常成带状泄入冲湖积平原内的松散孔隙含水层中；前第四系承压水则沿断裂补给平原内的松散含水层。作为地区性供水水源，开采是这一地区地下水的重要消耗方式。

二、平原中部潜水

当浅层水补给到冲湖积平原区后，由于含水层颗粒变细，水力坡度渐小，地下水的径流强度也随之更弱，来自扇群前缘的侧向径流补给已十分有限。冲湖积平原区由于地下水位埋深多为1～3m，因而降水入渗补给量较为显著。一般沿大黑河、什拉乌素河及其他古河道附近，黏性土覆盖层薄，含水层渗透性强，降水入渗量对于地下水的补给也就更为重要。哈素海以西的黄灌区，年引黄量达2亿～3亿m³，除大气降水入渗补给外，区内灌水入渗量也成为重要的地下水补给源。就平原区内地下水的径流条件而言，东西两部略有差异。哈素海以东的大黑河平原内，大致从扇群前缘至善友板—前合理村—忽拉格齐—本滩—后白庙—七杆旗一线之间含水层颗粒略粗，地下水径流仍然较强；再向西南沿善岱—古城—古尔丹巴—巧尔什营一线间属径流中等带。哈素海以西的黄河平原中，临近扇群前缘的扇前洼地及黄河冲湖积层北部，含水层颗粒已显著变细，地下水的径流速度很快减小，大致在民生渠以北已属中等径流带。西南部广大地区，由于含水层多为细砂、粉细砂、细粉砂，并处于沉降盆地中心地带，从外围流进的地下水压力水头损失较大，因而处于径流不畅乃至滞流状态。哈素海以南至黄河间的三和成—陕西营—双龙—将军尧—二十四顷地—四家尧—中滩以及台地西段前缘的伍什家—同昌营等地多处于滞流带，其余地区为弱径流带。

冲湖积平原内部浅层地下水排泄以潜水蒸发和作物的叶面蒸腾为主。当地下水位小于临界蒸发深度时，潜水将沿土壤毛细管上升至地面形成陆面蒸发，特别在扇前洼地和西南部地下水位为1~3m，甚至小于1m的地区，潜水蒸发量更大。土默川平原目前耕地面积约400万亩，每年5—10月作物生长季节，从土壤中吸收的水分经过叶面的蒸腾量也是不可忽略的。至于黄河水与毗连地段地下水的补排关系，由于缺乏直接观测资料难以定量分析，需待进一步研究。但在黄河穿越湖积台地的托克托县—章盖营的局部地段，浅层含水层被河流切割，导致地下水向黄河泄入。平原东部和北部分布广泛的井灌区，特别是河谷地区的机井群，在农灌季节大量抽取地下水而形成人为消耗是地下水排泄的重要方式。

三、平原中部承压水

冲湖积平原内稳定淤泥质土层以下广泛分布的中更新统含水组中地下水（深层水），主要来源于补给边界的地下侧向潜流。补给边界指山前倾斜平原中后缘与上更新统至全新统含水组构成的统一水体地段。这一地段的地下潜流同时作为上下两套含水组之侧向补给源。值得提出的是，基本封闭的内陆湖盆中的深层水，有它自身形成的过程。当边界潜流进入承压含水层时，首先从边缘向中心逐渐地与原来的地下水产生混合作用。虽然承压含水层的压力传导迅速，而地下水的渗流速度却多在每年几米至几十米，于是这一混合作用从补给边界到盆地中心，将因径流途径增长而历时久远。由于缺乏深层地下水绝对年龄的测定，尚难断定其边界补给的地下水在承压水盆地中各地带的历时过程。不过从它形成机制分析，即使临近湖滨带的承压自流水也可能是几年或几十年前降水形成的边界潜流补给的，而湖盆中心的滞流带地下水时间就更久远了。近20年来，在湖滨带和相邻地带大量开采深层承压自流水，这就人为地加快了径流速度，缩短了开采区承压自流水的补给时间。

深层水在山前径流补给区属强径流带，只是渗流速度与上部上更新统至全新统的地下潜水相比又较小。当地下水进入承压自流区的湖滨前缘（远湖滨带）后，由于含水层的岩性由砾卵石变细为砾砂和中粗砂、中细砂，孔隙率和孔隙大小都逐渐减小，水头损耗而使渗流速度降低，径流速度比补给带稍差。其范围大致在沙家营—小黑河—白庙子—甲尔旦—沙尔沁一线以东。随着地下水向西南进入湖盆内部后，含水层岩性已为中细砂和细砂，相对厚度减小，地下水进入中等径流带。沿善岱—韭菜滩—兴旺庄一线的西南较大范围内，地下水处于弱径流—滞流带。

盆地内部中更新统含水组处于稳定淤泥质土层相隔的封闭状态，地下水无直接的排泄通道。然而下部高承压的地下水对上部潜水—半承压水产生的越层补给，也可作为它的排泄方式之一，特别是在盆地边缘，由于淤泥质土层薄而含砂量高，常与上部潜水具一定的水力联系。

　　最后着重指出，土默川平原作为封闭的内陆湖盆，固然有一个完整的总循环，然而由于古地理环境分带的影响，不同地带又显示出局部的小循环，因此地下水呈现出多级循环的特征。如山前扇群带前缘，既是扇群地下水的排泄带，又是平原内同期含水组的层向潜流补给带，南部台地前缘也具有类似特征，即构成了局部地带的小循环系统。

第四章　土默川平原地下水均衡

第一节　地下水资源概况

近年来，随着土默川平原中城市（包括呼和浩特市区、土默特左旗、土默特右旗、托克托县、和林格尔县）经济的迅猛发展，对水资源需求量日益增加。根据 2004 年内蒙古自治区自然资源厅和内蒙古自治区地质矿产勘查开发局合作编撰的《内蒙古自治区地下水资源》一书，呼和浩特市（包括郊区）地下水开采量已大大超过理论可开采量，其余旗县基本保持在理论可开采量之下，具有一定的保证程度。另有研究表明，城镇人口增加和工业化程度的提高使呼和浩特市地下水开采量逐年扩大，导致呼和浩特市地下水位不断下降[210]。北部大青山山前一带潜水水位降幅最大，最高达到 45m。2005 年以前，地下水一直是呼和浩特市唯一供水水源。2006 年，"引黄入呼"工程完成，实现引黄河水 10 万 m^3/d。但是由于需水量的不断增加，地下水仍处于超采状态，潜水水位和承压水位仍持续下降[211]。

土默川平原地下水主要接受大气降水入渗、山区侧向径流及农业灌溉水回渗补给；潜水蒸发与人工开采为主要排泄方式。

地下水资源的定量评价是区域水资源优化管理的主要依据。量化特定时段的区域地下水补给资源量和可开采资源量对制定区域发展规划和可持续发展战略具有重要意义。针对不同的计算区，地下水计算的方法也有所差异。传统的计算方法主要有水均衡法[212-213]、水文分析法[214]和开采试验法[215-216]等，随着计算机信息技术的发展，数值模拟法在地下水资源计算中也得到了广泛应用[218]。

水均衡法是基于质量守恒定律对区域地下水补径排水量进行计算分析的一种方法。一般可分为补给量法、排泄量法及补排量法。其基本原理是：在一个均衡区内含水层系统，在任一时间段（Δt）的补给量和消耗量之差等于该含水层系统中水体积的变化量。理论上，该原理适用于任何地下水系统的水资源计算，特别是水文地质条件复杂、其他方法难以应用的情况下。近年来，在对农灌区地下水资源计算[219]、西北部干旱区地下水资源评价[220]、岩溶区地下水资源量计算[221-222]及隧洞涌水预测[223]中水均衡法都被广泛应用。

地下水资源是城市继续发展的基础，本章利用水均衡法结合收集到的各类地下水数据对土默川平原的地下水补径排量进行粗略计算，以期对土默川平原的水资源合理开发和利用提供指导。

第二节　水均衡计算与分析

一、土默川平原地下水均衡计算

1. 均衡方程

根据对土默川平原补径排条件的分析，建立均衡方程如下：

$$Q_{降水入渗}+Q_{山前侧向}+Q_{地下水灌溉回渗}+Q_{地表水灌溉入渗}+Q_{蒸发}$$
$$+Q_{开采}+Q_{蒸腾}+Q_{城市供水管网漏失入渗量}=\Delta Q \tag{4-1}$$

式中：$Q_{降水入渗}$ 为降水入渗补给量，万 m^3/a；$Q_{山前侧向}$ 为山前侧向补给量，万 m^3/a；$Q_{地下水灌溉回渗}$ 为地下水灌溉回渗量，万 m^3/a；$Q_{地表水灌溉入渗}$ 为地表水灌溉入渗量，万 m^3/a；$Q_{蒸发}$ 为浅层地下水蒸发量（潜水蒸发量），万 m^3/a；$Q_{开采}$ 为地下水开采量，万 m^3/a；$Q_{蒸腾}$ 为呼包高速两侧绿化带蒸腾量，万 m^3/a；$Q_{城市供水管网漏失入渗量}$ 为城市供水管网漏失入渗量，万 m^3/a；ΔQ 为均衡期地下水储存量的变化量，万 m^3/a。

2. 均衡要素的计算

（1）降水入渗补给量。降水入渗补给量主要受降水、地表岩性等地质条件、城区地面建筑和地面硬化的影响，采用年降水入渗系数法计算，计算公式为

$$Q_{降水入渗}=\alpha PF\times0.1 \tag{4-2}$$

式中：$Q_{降水入渗}$ 为降水入渗补给量，万 m^3；α 为降水入渗系数；P 为年降水量，mm；F 为计算区面积，km^2。

年降水量通过中国气象数据网查询得到，入渗系数分区如图 4-1 所示，计算取平均值。经计算（表 4-1），土默川平原年降水入渗补给总量平均为48098.44 万 m^3。其中，呼和浩特市郊区为 5362.53 万 m^3；托克托县为 10744.58 万 m^3；土默特左旗为 17066.39 万 m^3；土默特右旗为 11494.66 万 m^3，和林格尔县为 3430.29 万 m^3。

表 4-1　　　　　土默川平原降水入渗补给量计算结果

城镇	渗透分区	面积 /km²	多年平均年降水量 /mm	降水入渗补给量 /万 m³
土默特右旗	0.2~0.3	304.83	404.3	3081.10
	0.1~0.2	1163.99	404.3	7058.99
	<0.1	670.08	404.3	1354.57

续表

城镇	渗透分区	面积 /km²	多年平均年降水量 /mm	降水入渗补给量 /万 m³
土默特左旗	0.4~0.5	37.97	388.2	663.33
	0.3~0.4	111.93	388.2	1520.75
	0.2~0.3	847.13	388.2	8221.43
	0.1~0.2	932.78	388.2	5431.58
	<0.1	633.33	388.2	1229.28
托克托县	0.3~0.4	93.76	356.8	1170.87
	0.2~0.3	768.56	356.8	6855.55
	0.1~0.2	507.88	356.8	2718.16
呼和浩特市区	0.2~0.3	16.11	403.7	162.56
	0.1~0.2	581.79	403.7	3523.03
	<0.1	830.78	403.7	1676.93
	0	190.73	403.7	0.00
和林格尔县	0.2~0.3	103.18	391.1	1008.80
	0.1~0.2	212.22	391.1	1244.98
	<0.1	601.64	391.1	1176.51
总计		8608.68		48098.44

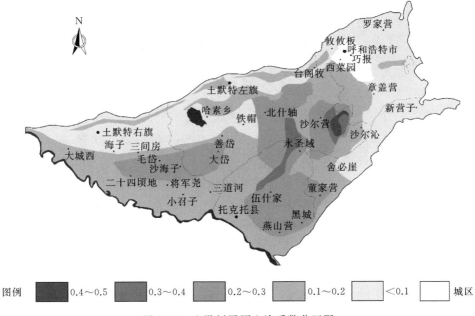

图 4-1　土默川平原入渗系数分区图

（2）山前侧向补给量。平原区与山界区处的地下水侧向径流是平原区地下水重要的补给来源。通常采用断面法计算其补给量，本书将整个土默川平原的边界分为31个断面（图4-2），计算公式为

$$Q_{山前侧补} = KIBM\sin\alpha \tag{4-3}$$

式中：$Q_{山前侧补}$为地下水山前侧向补给量，m^3/d；K为补给边界含水层渗透系数，m/d；I为自然状态下地下水水力坡度；B为过水断面长度，m；M为断面含水层有效厚度，m；α为地下水流线与过水断面夹角，（°）。

图4-2　土默川平原边界侧向补给分段图

土默川平原三面环山，一面临水。平原北部为大青山山脉，山前一带为冲洪积扇群组成的倾斜平原，山前侧向补给量丰富，为24326.49万m^3/d。平原东部为蛮汗山山脉，山前侧向补给量为9520.48万m^3/d。平原东南部及南部分别为和林格尔丘陵与托克托台地，山前侧向补给量较低，为632.23万m^3/d。经计算（表4-2），2018年土默川平原接受山前侧向补给总量为34479.21万m^3/d。

（3）地下水灌溉回渗量。地下水灌溉回渗量指开采地下水灌溉回归量，计算公式为

$$Q_{地下水灌溉回渗} = \beta Q_{农业开采} \tag{4-4}$$

式中：$Q_{地下水灌溉回渗}$为地下水灌溉回渗补给量，万m^3；β为田间入渗补给系数；$Q_{农业开采}$为农业地下水开采量，万m^3。

表 4-2　　　　　　　　土默川平原山前侧向补给量计算结果

地区	断面编号	渗透系数/（m/d）	断面长度/m	含水层厚度/m	水力坡度/%	α/（°）	侧向补给量/万 m³
北部大青山	1	14	8452	98	1.10	20	1592.40
	2	16	5698	65	1.37	65	2685.62
	3	15	9476	54	1.26	45	2496.08
	4	18	7556	40	1.45	30	1439.64
	5	17	2018	22	1.21	45	235.70
	6	50	4578	60	0.90	30	2255.81
	7	30	9086	52.5	1.56	50	6242.01
	8	50	9012	27.5	1.35	90	6105.91
	9	40	7524	16	1.03	30	905.17
	10	54	8945	9	0.09	15	36.96
	11	45	1453	8	1.45	60	239.75
	12	16	9248	15	0.33	20	91.44
	小计		83046				24326.49
东部蛮汗山	13	14	5269	19	1.30	20	227.82
	14	14	3177	14	1.15	55	214.00
	15	15	5896	15	1.10	30	265.76
	16	57	2956	15	1.38	45	897.90
	17	112	1836	16	1.38	40	1063.25
	18	250	2295	8	1.25	35	1201.86
	19	20	6847	10	2.04	25	431.52
	20	260	3000	16	1.21	50	4216.90
	21	22	3184	12	1.14	40	224.39
	22	22	1355	9	1.01	55	81.17
	23	18	6223	11	0.92	30	206.09
	24	19	12126	18	0.53	25	337.05
	25	19	3369	15	0.76	35	152.78
	小计		57533				9520.48
南部托克托台地	26	26	10999	27	0.15	35	235.15
	27	43	13679	29	0.11	25	288.54
	28	21	13501	22	0.14	5	27.92
	29	18	2119	28	0.71	10	47.92
	30	13	3375	24	0.47	10	31.64
	31	0.3	46568	20	0.12	5	1.07
	小计		90241				632.23
合计		—	230820	—	—	—	34479.21

农业地下水开采量主要采用《大黑河流域（平原区）地下水资源保护与开发利用调查评价项目成果报告》中的数据结合包头市水资源利用公报，入渗系数参考取值范围为 0.12～0.20。经计算（表 4-3），地下水灌溉回渗补给量约为 5701.18 万 m³。

表 4-3　　　　土默川平原地下水灌溉回渗补给量计算结果

旗县	乡镇	多年平均灌溉开采量/万 m³	田间入渗补给系数	地下水灌溉回渗补给量/万 m³
新城区	保合少镇	156	0.14	21.90
回民区	攸攸板镇	43	0.22	9.41
玉泉区	小黑河镇	1608	0.14	225.08
赛罕区	巴彦镇	277	0.17	47.15
	黄合少镇	730	0.18	131.49
	金河镇	1647	0.14	230.55
	巧报镇	64	0.20	12.79
	榆林镇	598	0.18	107.64
	西把栅镇	372	0.16	59.54
土默特左旗	白庙子镇	3938	0.15	590.64
	北什轴乡	2753	0.14	385.43
	毕克齐镇	2036	0.14	284.97
	察素齐镇	104	0.17	17.75
	沙尔沁镇	2165	0.14	303.07
	善岱镇	1298	0.15	194.65
	塔布赛乡	2490	0.14	348.66
	台阁牧镇	937	0.16	149.85
	只几梁乡	2022	0.14	283.10
托克托县	古城镇	2355	0.15	353.21
	双河镇	1090	0.14	152.63
	五申镇	81	0.18	14.66
	伍什家镇	312	0.16	49.90
	新营子镇	1249	0.17	212.39
和林格尔县	巧什营乡	394	0.14	55.13
	舍必崖乡	3253	0.15	487.90
	盛乐园区	68	0.18	12.17
	盛乐镇	2329	0.12	279.48

旗县	乡镇	多年平均灌溉 开采量/万 m³	田间入渗 补给系数	地下水灌溉回渗 补给量/万 m³
土默特右旗	萨拉齐镇	109	0.13	14.17
	美岱召镇	89	0.14	12.46
	双龙镇	1132	0.16	181.12
	将军尧镇	358	0.20	71.58
	明沙淖乡	1056	0.17	179.52
	苏波盖乡	532	0.12	63.81
	海子乡	523	0.13	67.93
	小召子乡	236	0.18	42.39
	二十四顷地乡	314	0.15	47.06
总计		38718		5701.18

（4）地表水灌溉入渗量。地表水入渗量指以水库、引黄及截伏流为水源的灌溉用水的入渗量，计算公式为

$$Q_{\text{地表水灌溉入渗}} = \beta Q_{\text{农业灌溉引水}} \tag{4-5}$$

式中：$Q_{\text{地表水灌溉入渗}}$ 为地表水灌溉入渗补给量，万 m³；β 为田间入渗补给系数；$Q_{\text{农业灌溉引水}}$ 为农业灌溉引用的地表水量，万 m³。

农业灌溉引用地表水量采用《大黑河流域（平原区）地下水资源保护与开发利用调查评价项目成果报告》中的数据，将土默川平原划分为 D1～D10、Q1～Q10 共 20 个水均衡区（图 4-3），入渗系数参考取值范围为 0.12～0.25。

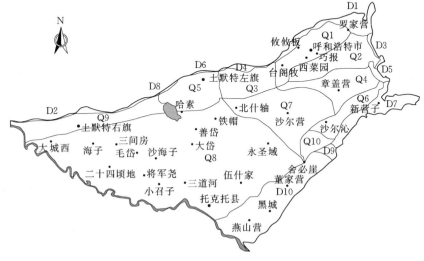

图例　D1 水均衡区及编号　　Q1 水均衡区及编号　　水均衡区

图 4-3　土默川平原地表水灌溉水均衡分区图

经计算（表 4-4），土默川平原地表水灌溉入渗补给量平均为 5559.88 万 m^3。

表 4-4　　　　　　　土默川平原地表水灌溉入渗量计算结果

地区	编号	水均衡区划分名称	多年平均引水灌溉量/万 m^3	田间入渗补给系数	地下水灌溉回渗补给量/万 m^3
呼和浩特市区	D1	哈拉沁沟冲洪积扇后缘	169.62	0.13	22.05
	D3	大黑河冲洪积扇后缘	103.79	0.14	14.53
	D5	大黑河古道冲洪积扇后缘	212.92	0.12	25.55
	Q1	哈拉沁沟冲洪积扇	0.00	0.12	0.00
	Q2	大黑河冲洪积平原	1072.33	0.15	160.85
	Q4	以河流为主的冲湖积平原	1418.69	0.16	226.99
土默特左旗	D4	水磨沟冲洪积扇后缘	345.33	0.12	41.44
	D6	万家沟冲洪积扇后缘	111.77	0.13	14.53
	D8	西白石头冲洪积扇后缘	0.00	0.12	0.00
	Q3	水磨沟冲洪积扇	1002.35	0.20	200.47
	Q5	万家沟冲洪积扇	2215.18	0.17	376.58
	Q7	以湖泊为主的冲湖积平原	1385.06	0.16	221.61
	Q10	宝贝河冲洪积平原	108.93	0.14	15.25
	Q8	湖洼池沼沉积平原	8655.67	0.15	1298.35
土默特右旗	D2	美岱沟冲洪积扇后缘	53.08	0.12	6.37
	Q9	白石头沟冲洪积扇	105.69	0.13	13.74
	Q8	湖洼池沼沉积平原	11559.15	0.13	1502.69
托克托县	D10	托克托台地	368.29	0.16	58.93
	Q8	湖洼池沼沉积平原	7353.22	0.18	1323.58
和林格尔县	D10	托克托台地	194.26	0.13	25.25
	D7	什拉乌素河冲洪积扇	54.50	0.12	6.54
	D9	宝贝河冲洪积扇	27.60	0.15	4.14
	Q6	什拉乌素冲积平原	2.75	0.16	0.44
总计			36520.18		5559.88

（5）城市供水管网漏失入渗量。根据多年的《呼和浩特市水资源公报》数据，2014—2019 年日供水量平均约为 55 万 m^3/d。依据中国城镇供水排水协会 1999 年城市供水年鉴统计结果，中国城市平均管网漏失率约为 15%。因此土默川平原每年应有 3011.25 万 m^3 水通过城市供水管网漏失补给地下水。

（6）潜水蒸发量。潜水蒸发量通过查阅 1985 年内蒙古水文地质工程地质队所做的水文地质综合勘察资料及其所计算得出地下水蒸发量经验公式（4-6），带入呼和浩特及周边地区多年平均水面蒸发量，计算得出不同埋深的潜水蒸发量，进而计算得出整个土默川平原的潜水蒸发量。

$$\varepsilon = \frac{\varepsilon_0}{(1+\Delta)^{2.27}} \tag{4-6}$$

式中：ε 为潜水蒸发量，mm；ε_0 为水面蒸发量，mm；Δ 为潜水埋深，m。

潜水蒸发量按式（4-7）计算：

$$Q_{蒸发} = F\varepsilon \tag{4-7}$$

式中：$Q_{蒸发}$ 为潜水蒸发量，万 m³；F 为计算单元面积，m²；ε 为潜水年蒸发量，mm。

根据呼包平原地质勘探资料获取不同深度的潜水年蒸发量（图4-4），并结合呼和浩特气象部门的蒸发量资料计算土默川平原潜水蒸发量。经计算（表4-5），土默川平原总蒸发排泄量为49542.73万 m³。其中，呼和浩特市郊区为3194.78万 m³；托克托县为7734.84万 m³；土默特左旗为26179.72万 m³；土默特右旗为10379.67万 m³，和林格尔县为2053.71万 m³。

（7）地下水开采量。根据近五年来的水资源利用公报可知，2015—2019年土默川平原内呼和浩特市4区地下水开采量分别为4.84亿 m³、4.73亿 m³、4.25亿 m³、4.12亿 m³、4.43亿 m³，平均为4.40亿 m³。2016—2019年土默川平原土默特右旗地下水开采量分别为0.76亿 m³、0.75亿 m³、0.72亿 m³、0.63亿 m³，平均为0.72亿 m³。整个土默川平原合计地下水开采量为5.12亿 m³。

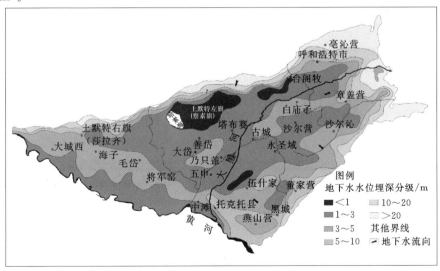

图4-4　土默川平原地下水埋深分区图

表 4 - 5　　　　　　　　　　　　土默川平原潜水蒸发量计算结果

地　区	埋深分区	面积/km²	多年平均蒸发量/mm	潜水蒸发量/mm	降水入渗补给量/万 m²
土默特右旗	<1	0	1722.38	357.10	0
	1~3	1038.76	1722.38	74.04	7690.78
	3~5	911.69	1722.38	29.49	2688.89
土默特左旗	<1	378.26	1760.29	364.96	13804.99
	1~3	1470.86	1760.29	75.67	11129.60
	3~5	413.08	1760.29	30.14	1245.13
托克托县	<1	41.21	1735.07	359.73	1482.59
	1~3	626.04	1735.07	74.58	4669.25
	3~5	532.80	1735.07	29.71	1583.00
呼和浩特市郊区	<1	0	1777.84	368.60	0
	1~3	314.64	1777.84	76.42	2404.53
	3~5	259.58	1777.84	30.44	790.25
和林格尔县	<1	0	1751.11	363.06	0
	1~3	155.74	1751.11	75.27	1172.29
	3~5	293.95	1751.11	29.99	881.42
合计		6436.62			49542.73

（8）呼包高速两侧绿化带蒸腾量。以土默川平原北部呼包高速绿化带为主要研究对象（图 4 - 5），绿化带蒸腾量为 2434.86 万 m³/a。

绿化带耗水主要指植被蒸腾所消耗掉的水量和裸地蒸散量（图 4 - 6），植被的蒸散发与气候条件、植物种类及密度密切相关。在掌握土默川平原温度、日照、湿度等气象数据的基础上，根据树木的景观参数和绿化带面积（表 4 - 6）来推算土默川平原绿化带的蒸散发量，具体见式（4 - 8）和式（4 - 9）[224-226]：

$$ET_L = K_L \times ET_0 \qquad (4 - 8)$$

$$K_L = K_s K_d K_{mc} \qquad (4 - 9)$$

式中：ET_L 为绿化带蒸散发量，mm；ET_0 为参考作物需水量，mm；K_L 为景观系数；K_s 为品种参数；K_d 为密度参数；K_{mc} 为小气候参数；K_s、K_d、K_{mc} 取值范围为 0.8~1.2、0.7~1.1、0.5~1.0，参见前人研究成果[227]。

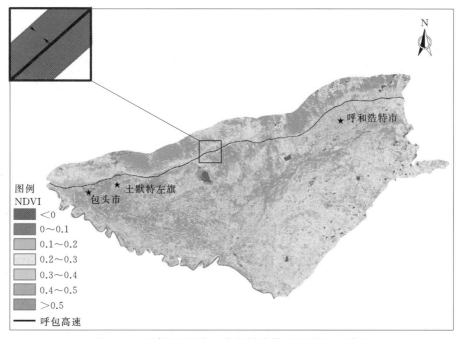

图 4-5 土默川平原归—化植被指数（NDVI）示意图

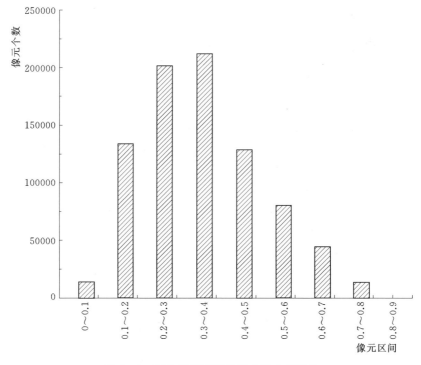

图 4-6 绿化带 NDVI 像元个数分区统计

实地考察并结合前人研究结果发现[228-229]，土默川平原的绿化树种主要以新疆杨、柳树等乔木为主，部分路段间有少许灌木，地表被草地覆盖，绿化带形成一个简单的乔—灌—草植物群落，经计算，该植物群落的 K_L 为 1.0。所以，在耗水量估算过程中，单位面积的绿化带蒸散发量即为作物参考需水量，用绿化带蒸散发量乘以绿化带面积，可获得绿化带蒸腾耗水量[229-230]，具体见式（4-10）：

$$Q_{ET} = ET_L \times S/1000 \qquad (4-10)$$

式中：Q_{ET} 为绿化带蒸腾耗水量，m^3；ET_L 为绿化带蒸散发量，mm；S 为遥感提取绿地面积，m^2。

表4-6　　　　　　　　　　绿化带分区面积

类　　型	像元个数	面积/万 m^2	不同类型植被正占比/%
裸地或水体	147849	28.86	17.00
低覆盖率植被区	201902	391.91	24.00
中覆盖率植被区	211900	424.57	26.00
高覆盖率植被区	267590	538.88	33.00
合计	829241	1384.22	100

计算得出土默川平原绿化带低覆盖植被区、中覆盖植被区、高植被覆盖区的蒸腾耗水量分别为 704.05 万 m^3/a、762.73 万 m^3/a、968.08 万 m^3/a，共计 2434.86 万 m^3/a[230]。

二、土默川平原地下水均衡分析

将土默川平原地下水补给均衡项汇总，得到土默川平原地下水的均衡情况（表4-7）。

表4-7　　　土默川平原地下水均衡总表（2015—2019 年 5 年平均值）

均　衡　项		补排量平均值/万 m^3	百分比/%
补给项	降水入渗补给量	48098.44	49.66
	山前侧向补给量	34478.25	35.60
	地下水灌溉回渗量	5701.18	5.89
	地表水灌溉入渗量	5559.88	5.74
	城市供水管网渗漏量	3011.25	3.11
	小计	96849.00	
排泄项	地下水开采量	51200.00	49.62
	潜水蒸发量	49542.73	48.02
	高速公路植被带蒸腾量	2434.86	2.36
	小计	103177.59	
均衡差		−6328.59	

土默川平原总补给量为 9.68 亿 m³，主要补给来源为降水入渗补给和山前侧向补给，占总补给量的 85.26%。总排泄量为 10.318 亿 m³，地下水开采占 49.62%，潜水蒸发占 48.02%，总体来讲，土默川平原目前处于负均衡状态，均衡差为 -0.63 亿 m³。

目前人工开采已经超过了总补给量，开采量是总补给量的 106.53%。虽然人工开采导致地下水位下降使得浅层地下水的蒸发排泄量降低，但是仍未达到新的平衡。而且，如果地下水开采继续增加，地下水均衡将会进一步向远离平衡的方向发展。

第三节 小 结

根据计算，土默川平原 2014—2019 年，年均地下水总补给量约为 9.68 亿 m³，总排泄量为 10.31 亿 m³，均衡差为 -0.63 亿 m³，目前处于超采状态。

根据均衡要素分析，地下水蒸发量占总排泄量的 48%，是地下水主要的排泄方式之一。如何通过优化开采布局，有意识地控制地下水位以减少蒸发量，有效地提高区域地下水的可开采资源量，是今后该区水资源规划管理是重要任务之一。

第五章　土默川平原地下水化学特征及成因机制

地下水的水化学特征是在漫长的地质历史时期，受气候、含水层岩性、地下水流速、补给水的化学成分、水—岩相互作用及人类活动等多种因素共同作用下形成的。在对土默川平原地形地貌、含水层结构、沉积环境、地下水补径排特征进行分析的基础上，结合地下水样品采集监测，对本区地下水化学特征空间分布和演化规律进行研究，以期揭示其地下水化学特征的形成机理。

第一节　地下水样品的采集和测试

水样的采集与分析是水文地球化学演化规律分析和研究的基础，采样点的布设、采样方式和水样测试的精度直接影响分析成果的可靠性。

2015 年 4 月在研究区展开了广泛的野外调查和地下水取样工作。结合研究区地形地貌特征、含水层结构特点，调查共采集各类地下水化学样品135 组（其中潜水 79 组，承压水 56 组），样点遍布土默川平原全区（图 5-1）。

能否采集到代表含水层中地下水属性的新鲜样品，对分析结果的准确性影响重大。本次样品采集时先对采样井抽水，使井筒中滞留的地下水排出，然后再进行现场指标的测定和样品的采集。地下水样品均采自居民正在使用的手压井、饮水机井或农灌机井。首先用 GPS 对每个采样点进行定位，在现场用便携式 pH 计、电导率仪及氧化还原电位仪测定水样的温度、pH 值、电导率和氧化还原电位。通过不断地从监测井中抽取地下水，同时把便携式仪器置于抽出的水中进行观测，当各参数的读数稳定后进行记录，然后取样。带到野外的取样瓶均在实验室用去离子水清洗，在取样现场再用样品水清洗。取样时用 $0.45\mu m$ 的薄膜对水样进行过滤。样品采集后放在冷藏箱，当天晚上送回实验室进行处理。实验室分析指标共 18 项，包括 K^+、Na^+、Ca^{2+}、Mg^{2+}、Cl^-、HCO_3^-、SO_4^{2-}、CO_3^{2-}、NH_4-N、NO_3-N、NO_2-N、F^-、总 As、总 Fe、总 Mn、COD_{Mn}、TDS 和 TH。本次监测指标及分析方法见表 5-1。

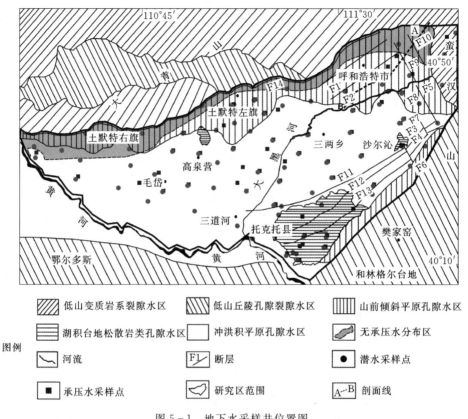

图 5-1　地下水采样井位置图

表 5-1　　　　　　　　　　　　　地下水监测指标及分析方法

序号	监测指标	分析方法	最低检出限
1	水温	温度计法	0.1 ℃
2	pH 值	玻璃电极法	0.1（pH 值）
3	氧化还原电位 Eh 值/mV	仪器法	—
4	TH	EDTA 滴定法	5.00mg/L
5	COD_{Mn}	酸性高锰酸盐法	0.5mg/L
6	K^+	离子色谱法	—
7	Na^+	离子色谱法	—
8	Ca^{2+}	离子色谱法	—
9	Mg^{2+}	离子色谱法	—
10	Cl^-	离子色谱法	2mg/L
11	SO_4^{2-}	离子色谱法	1mg/L

续表

序号	监测指标	分析方法	最低检出限
12	$N-NO_3$	离子色谱法	0.02mg/L
13	F^-	离子选择电极法	0.05mg/L
14	$N-NO_2$	$N-(1-$萘基$)-$二乙胺光度法	0.003mg/L
15	$N-NH_3$	纳氏试剂分光光度法	0.025mg/L
16	CO_3^{2-}	酸碱指示剂滴定法	—
17	HCO_3^-	酸碱指示剂滴定法	—
18	总 Fe	火焰原子吸收法	0.03mg/L
19	总 Mn	火焰原子吸收法	0.01mg/L
20	总 As	原子荧光法	0.5μg/L
21	EC	电极法	—
22	TDS	重量法	4mg/L

第二节　地下水主要化学组分含量、分布特征及成因

一、化学指标统计分析

描述性统计分析是对统计变量的结构和总体特征进行定量描述，虽不能深入诠释系统变量的内部变化规律，但在一定程度上能对其总体特征有一个整体性的了解。土默川平原地下水受水文气象、地质构造、区域地形地貌、地层岩性及水文地质条件等多种因素和作用的综合影响，水化学类型特征表现多样，并且形成了较为复杂的化学成分。本书应用统计分析软件 SPSS 19.0，并结合地质地貌特征，对研究区地下水主要化学组分含量进行了统计分析，统计结果见表 5-2。

表 5-2　　　　　　　　地下水水化学特征分析统计结果表

分析项目	单位	潜 水				承 压 水			
		最小值	最大值	平均值	标准差	最小值	最大值	平均值	标准差
pH 值		6.9	8.6	7.8	0.3	7.0	8.6	7.9	0.3
Eh 值	mV	−186	170	−22	98	−207	210	−4	101
Na^+	mg/L	20	1785	226	303	12	494	125	128
K^+	mg/L	1	131	7.7	17	1	18	2.9	3
Mg^{2+}	mg/L	14	445	68	72	2	86	28	20

分析项目	单位	潜 水				承 压 水			
		最小值	最大值	平均值	标准差	最小值	最大值	平均值	标准差
Ca^{2+}	mg/L	13	566	163	126	5	299	56	57
Cl^-	mg/L	10	2435	259	367	9	634	103	122
SO_4^{2-}	mg/L	1	1110	181	208	1	612	82	118
HCO_3^-	mg/L	171	978	483	198	141	827	303	127
COD_{Mn}	mg/L	0.2	10.4	2.3	1.8	0.2	27.1	2.5	3.9
TDS	mg/L	293	4867	1180	884	233	2089	567	384
$NO_3 - N$	mg/L	—	238	20	40	—	75	10	15
$NH_4 - N$	mg/L	—	26.3	1.5	3.8	—	14.9	1.5	3.1
F^-	mg/L	0.1	7.2	1.1	1.7	0.1	11.2	1	1.7
总 As	μg/L	0.3	200.3	17.8	39	0.3	162.3	9.7	32.2
总 Fe	mg/L	—	1.5	0.3	0.2	—	0.4	0.04	0.09
总 Mn	mg/L	—	1.9	0.2	0.3	—	0.4	0.04	0.08

注　—表示低于检出限。

潜水 pH 值为 6.9～8.6，平均值为 7.8，呈弱碱性；氧化还原电位（Eh 值）为 -186～170mV，平均值为 -22mV；承压水 pH 值为 7.0～8.6，平均值为 7.9，也呈弱碱性；氧化还原电位（Eh 值）为 -207～210mV，平均值为 -4mV。从整体上来看，研究区承压水与潜水一样均呈现弱碱性的还原环境。潜水 $NH_4 - N$ 的最高浓度为 26.3mg/L，均值为 1.5mg/L；$NO_3 - N$ 的最高浓度为 238mg/L，均值为 20mg/L。承压水样品中，$NH_4 - N$ 的最高浓度为 14.9mg/L，均值为 1.5mg/L；$NO_3 - N$ 的最高浓度为 75mg/L，均值为 10mg/L。该区地下水氮化物污染严重。

潜水和承压水的 COD_{Mn} 平均浓度分别为 2.3mg/L 和 2.5mg/L，最高浓度分别为 10.4mg/L 和 27.1mg/L；承压水的 COD_{Mn} 浓度明显高于潜水，这可能与土默川平原的沉积环境有关。该区承压含水层主要为第四系更新统岩层，属于浅湖—半深湖相沉积物，其中分布的泥岩、粉砂质泥岩中富含有机质。潜水和承压水的 TDS 平均浓度分别为 1180mg/L 和 567mg/L，最大值分别为 4867mg/L 和 2089mg/L，潜水 TDS 浓度明显高于承压水。这主要是平原区潜水位埋深浅、含水介质颗粒细小、毛细上升高度大，潜水蒸发强烈所致。无论潜水还是承压水，"八大离子"的平均质量浓度排序相同，阳离子均为 Na^+ 浓度最高，其次为 Ca^{2+}、Mg^{2+}，K^+ 浓度最低；阴离子均为 HCO_3^- 质量浓度最高，其次为 Cl^-，SO_4^{2-} 浓度最低。潜水氟化物浓度为 0.1～7.2mg/L，平均值为 1.1mg/L；承压

水为 $0.1\sim11.2mg/L$，平均值为 $1.0mg/L$，表明该区地下水氟化物浓度普遍较高，存在着高氟水分布。潜水总砷浓度为 $0.3\sim200.3\mu g/L$；承压水为 $0.3\sim162.3\mu g/L$，表明该区有高砷地下水的分布。

二、主要水化学指标空间分布及成因

总体来看，土默川平原地下水呈弱碱性，局部区域存在高浓度碳酸氢根、硫酸盐、TDS、COD 和氮化物，平原中部普遍存在强还原性环境。根据区域地下水流动系统特征、含水层沉积环境及人类活动作用总体分析地下水环境成因及主要化学指标空间分布特征。

1. 钾离子（K$^+$）

土默川平原潜水中钾离子含量普遍较低，平均值为 $7.7mg/L$；大多数水样中的钾离子浓度都在 $5.0mg/L$ 以下。从整个研究区来看，潜水中钾离子浓度较高区域主要分布在研究区东南部的湖积台地及蛮汉山山前倾斜平原地带，浓度最高达到 $60mg/L$ 以上。由东南向北和向西钾离子浓度逐渐降低，至冲湖积平原北部及大青山山前倾斜平原一带钾离子浓度普遍在 $10mg/L$ 以下，呈现出由东南向西北逐渐递减的趋势［图 5-2（a）］。

由于构造运动，东南部含水层发生断裂，断层以西含水层相对下沉，而后其上部沉积粉砂质淤泥对东部含水层中地下水向西径流形成一定阻隔。在托克托县县城以东一带形成一个相对独立的地下水潜水流动系统，地下水位埋深浅，蒸发量大，导致地下水潜水含盐量不断升高。东部蛮汉山山区（地下水补给区）基岩含有大量的钾长石等矿物，在风化溶滤作用下其中的钾离子不断地进入地下含水层，地下水中钾离子富集。

研究区承压水中钾离子含量相对更低，平均值仅为 $2.9mg/L$；承压水中钾离子浓度较高区域主要分布在研究区南部靠近黄河北岸地区的湖积台地以及中部三两乡西南的大黑河沿岸一带，浓度最高在 $8.0mg/L$ 以上；位于东南部蛮汉山及大青山山前倾斜平原以及冲湖积平原西部等大部分区域钾离子的浓度均在 $2.0mg/L$ 以下。三两乡以南区域作为区域承压水的集中排泄区钾离子出现相对的富集；南部湖积台地区域可能是地质历史时期的蒸发浓缩导致钾离子浓度相对升高。整体上看，承压水钾离子浓度分布以中部三两乡至托克托县为轴线，呈向东、西两侧呈逐渐递减的趋势［图 5-2（b）］。

2. 钠离子（Na$^+$）

研究区潜水钠离子在北部大青山山前倾斜平原及东南蛮汉山山前倾斜平原地带含量较低，一般低于 $100mg/L$；平原中部的大黑河沿岸及湖积台地区域浓度较高，一般大于 $400mg/L$ 以上，在托克托县县城—三道河以北一带浓度最高达到 $1000mg/L$ 以上［图 5-3（a）］。区内潜水钠离子浓度分布受地下水的补、

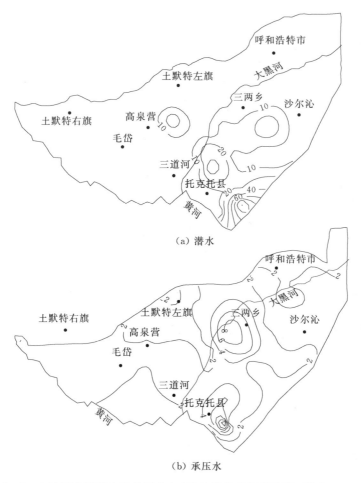

（a）潜水

（b）承压水

图 5-2　土默川平原潜水和承压水中 K^+ 浓度分布等值线图（单位：mg/L）

径、排影响明显。在地下水补给区可溶性钠盐在水岩相互作用下以离子形态进入到水体中，在地下水的强径流带动下向地下水排泄滞留区迁移和聚集，在大黑河沿岸受到蒸发浓缩的影响浓度不断升高。潜水中钠离子的空间分布规律与钾离子较为类似，在一定程度表明二者来源和迁移富集的一致性。

　　承压水中钠离子高浓度分布区主要位于南部的湖积台地区域，最高值出现在托克托县东北部地区，浓度在 300mg/L 以上；浓度低于 50mg/L 区域，主要分布在沙尔沁—三两乡—高泉营以北的山前倾斜平原区，整体呈现出南高北低的阶梯状分布特征［图 5-3（b）］。承压水钠离子的浓度分布规律与钾离子存在一定的相似性。承压水钠离子在湖积台地区域浓度较高的原因可能与台地区域承压含水层主要为白垩系砂岩含水层有关，该含水层厚度薄，富水性差，夹多层泥岩，且上覆多层可容盐含量较高的古近纪和新近纪泥岩。抽水过程中，在地下水的扰动下，部分泥岩中的可溶盐（包括钠离子）进入含水层，使承压水中钠离子浓度升高［图 5 - 3（b）］。

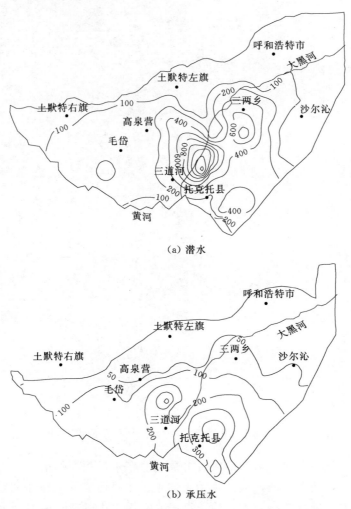

（a）潜水

（b）承压水

图 5 - 3　土默川平原潜水和承压水中 Na^+ 浓度分布等值线图（单位：mg/L）

3. 钙离子（Ca^{2+}）

　　研究区潜水中钙离子浓度的空间分布表现为西高东低的特征，最低值出现在大黑河东岸的湖积台地及东南部的蛮汉山山前倾斜平原，其浓度为 50～100mg/L；在研究区西部的黄河沿岸至毛岱一带钙离子浓度最高，在 400mg/L 以上［图 5 - 4（a）］。潜水中钙离子高浓度区主要集中分布在地下水的滞留排泄区，并且以大黑河为界线，东部和西部呈现出较大的差异化特征。

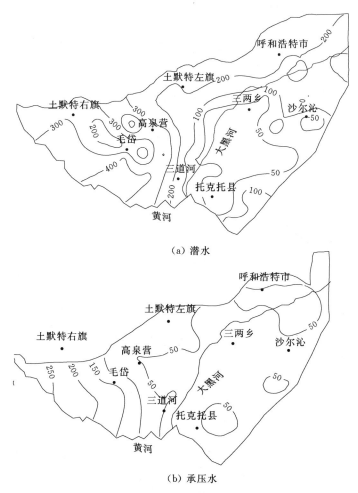

（a）潜水

（b）承压水

图 5 - 4　土默川平原潜水和承压水中 Ca^{2+} 浓度分布等值线图（单位：mg/L）

承压水中的钙离子浓度分布特征与潜水中类似，从西向东呈现出逐级递减的趋势，整体上钙离子浓度表现出地下水沿补给、径流和排泄途径逐级递增的变化。区内最高值出现在研究区最西部的土默特右旗一带，浓度在 250mg/L 以上；最低值出现在以土默特左旗—高泉营—三道河为界线的东部地带，钙离子浓度普遍低于 50mg/L［图 5 - 4（b）］。

潜水和承压水钙离子浓度与 pH 值均呈负相关，对比潜水 pH 值和钙离子浓度等值线图可以看出［图 5 - 10（a）］，沙尔沁—三两乡以南、三道河—托克托县城以东 pH 值大于 8.0 的区域钙离子浓度基本在 100mg/L 以下，而向北和向西随着 pH 值的降低，钙离子浓度呈升高态势。而承压水 pH 值大于 8.2 的区域［图 5 - 10（b）］钙离子浓度基本都在 50mg/L 以下。因此，水中钙离子浓度主要受 pH 值的影响。

4. 镁离子（Mg^{2+}）

研究区潜水含水层中镁离子浓度的分布特征表现为从北部大青山山前倾斜平原向大黑河下游的冲湖积平原逐渐增加。大青山山前至沙尔沁—三两乡—高泉营—毛岱一带，镁离子浓度普遍在 50mg/L 以下；在大黑河沿岸及东南部的湖积台区域最大值在 250mg/L 以上 [图 5-5（a）]。

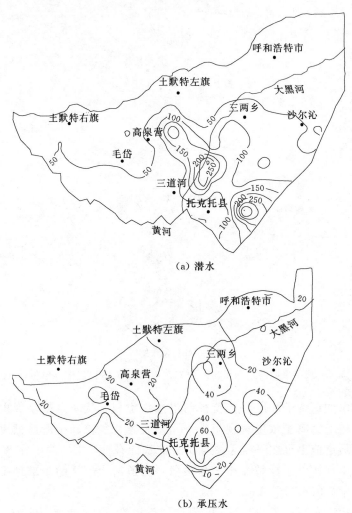

（a）潜水

（b）承压水

图 5-5　土默川平原潜水和承压水中 Mg^{2+} 浓度分布等值线图（单位：mg/L）

承压水中的镁离子浓度分布较为均匀，区内大部分地带浓度均在 20mg/L 左右；高值区仅出现在南部的湖积台地、三两乡附近以及沙尔沁南部的小范围内，浓度在 40mg/L 以上 [图 5-5（b）]。

蛮汉山含镁矿物（含镁的长石、铁镁枯榴子石）的风化溶解是东部区域地下水中镁离子浓度相对较高的主要原因。潜水大黑河沿岸的蒸发浓缩，承压水湖积台地区域的地质历史时期的累积使这些区域地下水中的镁离子浓度相对升高。

5. 硫酸根离子（SO_4^{2-}）

土默川平原地下水中硫酸根离子浓度分布极不均匀，潜水中硫酸根离子表现为西高东低的分布特征，高泉营和土默特右旗南部的平原区浓度高达 500mg/L 以上；东北部呼和浩特市—沙尔沁以东的区域一般低于 100mg/L［图 5-6（a）］。

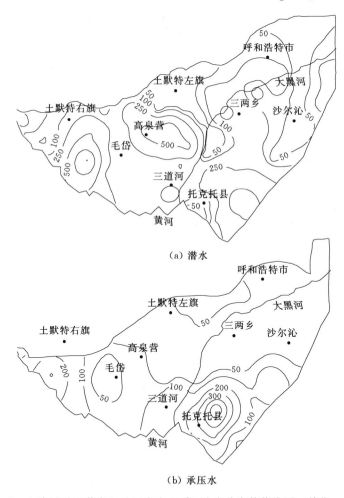

（a）潜水

（b）承压水

图 5-6 土默川平原潜水和承压水中 SO_4^{2-} 浓度分布等值线图（单位：mg/L）

承压水中硫酸根离子高浓度区主要分布在南部湖积台地上，浓度最高达 300mg/L 以上；其他区域除毛岱以西的部分地区硫酸根离子浓度高于 100mg/L，其余大部分地区硫酸根离子浓度普遍在 100mg/L 以下〔图 5-6（b）〕。

研究区西南部第四纪湖相淤泥质沉积物富含有机质，这些有机质氧化分解过程中部分硫化物被分解出来，进而转化为硫酸盐，可能是该区潜水硫酸盐浓度异常升高的主要原因；同时这些地方地下水位埋深浅，蒸发作用强烈进一步使硫酸根富集；湖积台地区域在地质历史时期沉积的硫酸盐在水—岩相互作用下溶解，可能是该区承压水中硫酸根离子浓度异常升高的主要因素。

6. 碳酸氢根离子（HCO_3^-）

研究区潜水碳酸氢根离子高浓度（＞600mg/L）区域主要分布在平原中部的大黑河下游沿岸及其以西的黄河冲湖积平原；东部蛮汉山和北部的大青山山前倾斜平原区域碳酸氢根离子浓度一般在 300mg/L 以下〔图 5-7（a）〕。从整

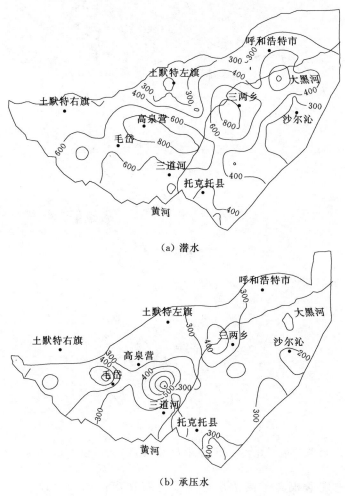

（a）潜水

（b）承压水

图 5-7　土默川平原潜水和承压水中 HCO_3^- 浓度分布等值线图（单位：mg/L）

体区域上来看，潜水碳酸氢根离子浓度沿着地下水的径流方向逐渐升高。

承压水中碳酸氢根离子浓度较高（＞300mg/L）区域主要分布在大黑河以西的毛岱—三道河一带，总体来看其浓度较潜水低［图 5-7（b）］。

研究区中部黄河及大黑冲湖积平原含水层颗粒细，地下水流速缓慢，水—岩相互作用较充分，长石类矿物（钾长石、钠长石、钙长石等）在 CO_2 作用下发生水解，使得 HCO_3^- 浓度升高［见式（5-1）～式（5-3）］。这也是区域地下水普遍偏碱性的主要原因。

$$2KAlSi_3O_8 + 2CO_2 + 3H2O \longleftrightarrow Al_2Si_2O_5(OH)_4 + 2K^+ + 2HCO_3^- + 4SiO_2$$

$$(5-1)$$

$$2NaAlSi_3O_8 + 2CO_2 + 3H2O \longleftrightarrow Al_2Si_2O_5(OH)_4 + 2Na^+ + 2HCO_3^- + 4SiO_2$$

$$(5-2)$$

$$Na_{0.62}Ca_{0.38}Al_{1.38}Si_{2.62}O_8 + 1.38CO_2 + 4.55H_2O \longleftrightarrow$$

$$0.69Al_2Si_2O_5(OH)_4 + 0.62Na^+ + 0.38Ca^{2+} + 1.24H_4SiO_4 + 1.38HCO_3^-$$

$$(5-3)$$

7. 氯离子（Cl^-）

从地下水的补给区到径流排泄区，在长期的水—岩相互作用的影响下，通过淋滤、迁移、蒸发浓缩等过程，潜水中的氯离子不断在大黑河下游区域累积。最高值出现在托克托县以北的大黑河两岸，浓度在 1000mg/L 以上。在北部大青山山前倾斜平原及东南部蛮汉山山前倾斜平原区域氯离子浓度最低，普遍在100mg/L 以下［图 5-8（a）］。

研究区东北部承压水氯离子浓度普遍在 100mg/L 以下；氯离子高浓度区主要分布于南部的湖积台地区域，普遍在 200mg/L 以上，最高浓度为 400mg/L［图 5-8（b）］。地质历史时期湖积台地区域经历了长期的蒸发浓缩作用，含水层中含有大量的可溶盐，由于地下水径流缓慢，在水—岩相互作用下，氯离子大量地进入地下水，是导致台地区域地下水氯离子浓度较高的主要原因。

8. COD_{Mn}

本书对区内地下水的 COD_{Mn} 浓度进行了测定，从图中可以看出［图 5-9（a）］，研究区潜水大部分区域的 COD_{Mn} 浓度低于 3.0mg/L，高浓度区主要分布在三两乡以南的大黑河两岸及其以西地区。在北部大青山山前及东部蛮汉山山前一带 COD_{Mn} 浓度普遍在 1.0mg/L 以下。整体上看，从大青山及蛮汉山山前的补给区到大黑河下游的径流排泄区，潜水中 COD_{Mn} 的浓度呈现逐渐升高的趋势。

承压水中的 COD_{Mn} 浓度分布特征和潜水较为相似，高浓度区分布在三两乡以南的大黑河沿岸，属于地下水的径流排泄区，浓度在 3.0mg/L 以上，最高值

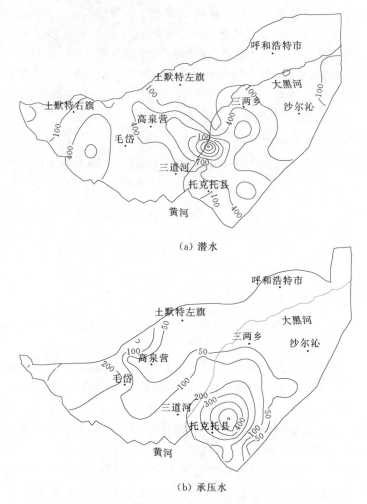

（a）潜水

（b）承压水

图 5-8 土默川平原潜水和承压水中 Cl⁻ 浓度分布等值线图（单位：mg/L）

出现在三道河北部一带；而处于地下水补给区的大青山及蛮汉山山前一带则相对较低，浓度多在 1.0mg/L 以下〔图 5-9（b）〕。

该区地下水中 COD_{Mn} 含量受沉积环境影响。平原中部第四系全新统和上更新统含水层主要为黄河及大黑河冲积和湖积物，河流下游沉积物颗粒细小，有机质含量高；区域隔水层为中更新统上段岩层，沉积有巨厚的湖相淤泥质岩层、富含有机质；承压含水层为中更新统下段岩层，平原中部为多层砂砾层和淤泥质层叠置结构，这是地下水中 COD_{Mn} 浓度偏高的主要原因。

9. pH 值

pH 值是水溶液酸碱性的度量指标，研究区潜水 pH 值大于 8 的区域主要分布在东南部的湖积台地区域，最高达到 8.2 以上；最低值出现在呼和浩特市东

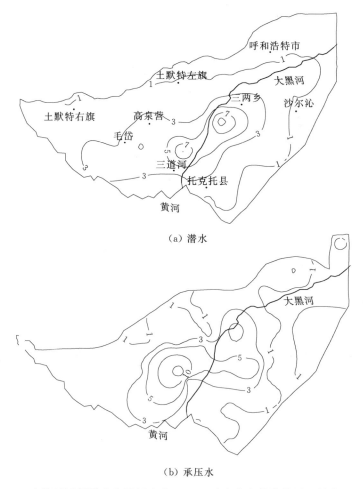

（a）潜水

（b）承压水

图 5-9　土默川平原潜水和承压水中 COD_{Mn} 浓度分布等值线图（单位：mg/L）

北部的大青山山前一带，pH 值在 7.0 以下 [图 5-10（a）]。

承压水中 pH 值大于 8 的区域主要分布在大黑河、河什拉乌素河冲积平原区，最高值达到 8.2 以上；最低值出现在呼和浩特市东北部的大青山山前一带，pH 值在 7.2 以下 [图 5-10（b）]。

区域地下水的碱性环境与长石类矿物的水解密切相关。

对比潜水 pH 值和 Ca^{2+} 浓度等值线图可以看出 [图 5-4（a）、图 5-10（a）]，pH 值大于 8.0 的区域 Ca^{2+} 浓度基本在 100mg/L 以下，随着 pH 值的降低，Ca^{2+} 浓度呈升高态势。承压水 pH 值大于 8.2 的区域 Ca^{2+} 浓度基本都在 50mg/L 以下 [图 5-4（b）、图 5-10（a）]。因此，该区地下水中 Ca^{2+} 浓度受 pH 值变化影响明显。

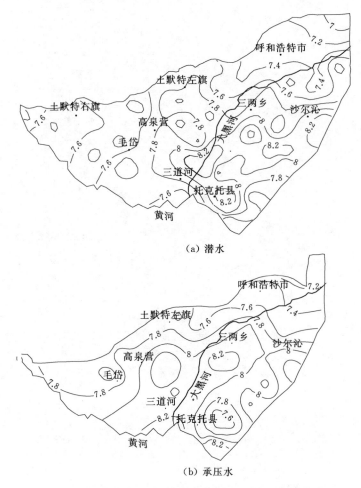

（a）潜水

（b）承压水

图 5-10　土默川平原潜水和承压水中 pH 值分布等值线图

10. 氧化还原电位（Eh 值）

氧化还原电位是反映地下水环境氧化还原状态的一个重要指标。土默川平原地下水中氧化还原电位变化范围较大，与其所处的环境有关。在潜水环境中，大青山山前及东部蛮汉山山前一带的氧化还原电位均大于 0，在呼和浩特市东北部最高能达到 150mV 以上，地下水处于氧化环境中［图 5-11（a）］；这主要是由于潜水与大气降水、地表水及非饱和带土壤等环境联系较为紧密，氧气的供应充足丰盈，并且包气带颗粒粗大，透气性好，含水层颗粒也较粗，地下水流速快与外界交换频繁，溶解氧含量较高，其氧化还原电位相对就会较高。而在大黑河下游及其西南一带的地下水排泄滞留区域，潜水中的氧化还原电位逐渐降至 0 以下，最低值出现在大黑河沿岸及西南部黄河沿岸一带，达到

－100mV以下，水体的环境也由氧化环境逐渐转化为还原环境。这是由于大黑河下游及黄河沿岸是地下水的滞留排泄区，含水层颗粒变细，地下水滞留时间较长，溶解氧被消耗，有机质增多，导致地下水处于还原环境。

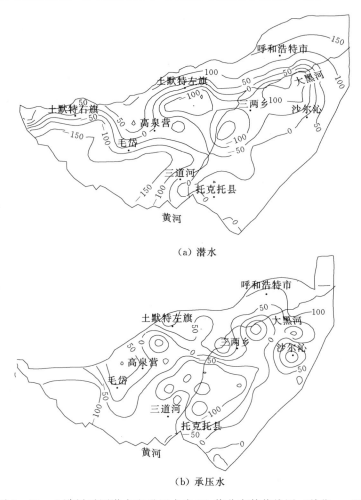

（a）潜水

（b）承压水

图 5-11　土默川平原潜水和承压水中 Eh 值分布等值线图（单位：mV）

本区承压水的氧化还原电位分布规律与潜水基本保持一致，变化幅度相对潜水小，高值区主要在东北部大青山山前一带，氧化还原电位最高值在100mV以上；低值区主要分布在三两乡以南的大黑河下游沿岸及西南部黄河沿岸地带，氧化还原电位最低值在－100mV以下［图 5-11（b）］。从整体上看，氧化还原电位沿着地下水的流动方向逐渐降低。

11. TDS

土默川平原气候干旱，大气降雨量少，地下水主要接受大青山和蛮汉山的侧向补给。大青山南侧和蛮汉山西侧由冲洪积形成的山前倾斜平原，水位埋深较大、含水层颗粒粗大、渗透性良好、水质较好。这些区域 TDS 浓度普遍在800mg/L 以下低，最低值位于径流最强的平原东北部地区。向平原中心方向由于沉积物类型由冲洪积物逐渐变为冲湖积物，含水介质颗粒变细，渗透性变差，水力梯度变小，地下水流动缓慢；同时地下水埋深较小，土壤毛细上升高度增大，地下水蒸发强烈，水质较差。平原中心区 TDS 浓度最高在 3200mg/L 以上［图 5-12（a）］。研究区南部的托克托县一带受低矿化度的黄河水补给影响，TDS 也较低，浓度在 800mg/L 以下；同样在西南黄河沿岸一带，地下水中 TDS浓度也相对较低。

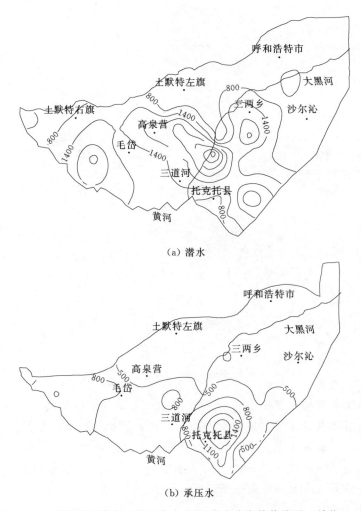

（a）潜水

（b）承压水

图 5-12　土默川平原潜水和承压水中 TDS 浓度分布等值线图（单位：mg/L）

承压水中 TDS 的浓度高值区出现东南部的湖积台地一带［图 5-7（b）］，浓度最高达 1400mg/L 以上，并以此为中心向四周呈递减趋势，在高泉营—三两乡—沙尔沁一带及其以北的地区 TDS 值普遍在 500mg/L 以下［图 5-12（b）］。湖积台区域承压含水层为新近系、古近系和白垩系碎屑岩类孔隙水，其间夹杂多层淤泥质隔水层，这些岩层可溶盐含量高（特别是钠离子和氯离子），这是导致该区地下水 TDS 高的主要原因。与潜水一样，承压水中 TDS 的贡献主要也是来源于氯离子、钠离子的富集。

土默川平原地下水 TDS 浓度变化受农田灌溉方式影响非常明显。土默川引黄灌溉主干渠民生渠，于 1928 年 9 月 18 日开挖工程启动，到 1931 年 6 月干渠开挖 60km，支渠约 20km。但由于该渠为自流引水，黄河枯水期引不上水、丰水期黄河水泛滥，因此利用率极低，逐渐荒废。中华人民共和国成立后于 1951 年，将废弃已久的民生渠重新利用起来，新完成土方 57 万 m³，工程于 1956 年 11 月完工。1958 年，又从民生渠大城西段开始新修跃进渠，渠全长 74km，历时 30 天，完成土方 310 万 m³。20 世纪 60 年代为了满足灌溉的需要，修建了镫口、麻地壕、民族团结等大中型扬水工程，使修建的灌溉渠系得到充分利用。当时重点考虑抗旱，因此没有修建相应的排水工程。随着大量引水灌溉导致大面积土地盐渍化问题的出现。20 世纪 70 年代后期进行了灌排工程配套建设，逐步解决灌区排水问题。随着科技水平的提高，于 20 世纪 90 年代开始实施节水灌溉工程，特别是 21 世纪以来，部分区域采用井水滴灌、喷灌的方式以减少黄河引水量，提高水、肥的利用率。

目前土默川灌区西起包头市镫口，东至呼和浩特市美岱村，南北界于黄河与大青山之间，土地总面积 784 万亩，现有灌溉面积 188 万亩。灌区呈三角形，地势由西向东和由东北向西南倾斜，中间以哈素海退水渠最低，大黑河干流穿过灌区东部（图 5-13）。按地形及水源条件，本灌区又分为黄河、大黑河及沿山三个灌区。黄河灌区位于哈素海退水渠以西，地势西高东低，地面坡度为 1/8000～1/10000，沿黄河建有镫口、麻地壕、民族团结等扬水站，从黄河提水灌溉，渠系分为五至六级。大黑河灌区位于哈素海退水渠以东，地势东北高西南低，地面坡度由 1/200 渐变为 1/3000，沿大黑河干流两岸开渠多处，引水灌溉或引洪淤灌，渠系分为三级。由于地形关系，黄河灌区与大黑河灌区的渠系，分别由西向东和由东北向西南呈相反方向排列，哈素海退水渠成为这两个灌区排水的唯一出路，于托克托县城附近入黄河，常因黄河顶托而排泄不畅。沿山灌区位于北部，系大青山洪积扇，地面坡度为 1/100～1/500，主要利用山洪水灌溉，渠系一般分为二至三级。

土默川平原土地盐渍化、地下水含盐量高与其所处的自然地理环境有直接关系。20 世纪 60 年代以前，土默川平原还没有实施大规模的引水灌溉工程，也

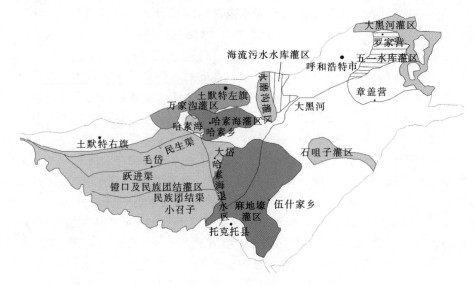

图 5-13　土默川灌区分布图

没有现代化的农机设备，农药化肥使用量很低，农民主要还是采用相对原始的靠天吃饭的小农耕作方式。1960 年的区域潜水矿化度分布特征图，在一定程度上能够代表自然状态下的土默川平原地下水盐分分布特征（图 5-14）。从图中可以看出，潜水矿化度低于 1g/L 的区域主要分布于北部大青山、东部蛮汉山及

图 5-14　土默川平原 1960 年潜水矿化度分区图

和林格尔丘陵的山前倾斜平原区；平原中部大部分区域潜水矿化度为 $1\sim3g/L$，矿化度为 $3\sim10g/L$ 区域呈分散状小范围分布；矿化度大于 $10g/L$ 的区域仅在大黑河下游伍什家乡以东小面积分布。

总的来看，在自然状态下，受地下水流动及含水层的岩性影响，平原中部的地下水滞留排泄区地下水位埋深浅、流速慢、沉积物颗粒细小，普遍出现地下水含盐量高的现象。

随着 20 世纪 60 年代镫口、麻地壕、民族团结等大中型扬水工程的修建，土默川平原开始大范围引黄灌溉。在这一时期（1960—1980 年）由于没有完善的排水设施，导致平原中南部地下水位大幅上升，土样盐渍化加剧。每年开春土地耕作以前均需引大量的黄河水以压盐降碱，周而复始，导致区域土地盐渍化程度及地下水矿化度升高。土默川平原 1986 年潜水矿化度分区图（图 5-15），可以代表只引不排灌溉方式下，引水灌溉所引起的区域潜水矿化度变化特征。从图中可以看出，在黄河灌区（哈素海退水渠以西）经过 20 年的大水漫灌的耕作方式，在地势低洼的南部区域，以二十四顷地—大岱—三道河圈闭的范围，地下水矿化度普遍大于 $3g/L$；以民生渠为界计算，矿化度大于 $3g/L$ 的区域面积占黄河灌区面积的一半以上。地下水矿化度大于 $10g/L$ 的区域也大面积分布，以沙海子—将军尧—小召子为中心，地下水矿化度呈现剧烈上升态势。山前灌区由于沉积物颗粒粗大，地下水径流条件好，在引水灌溉作用下，地下水的含

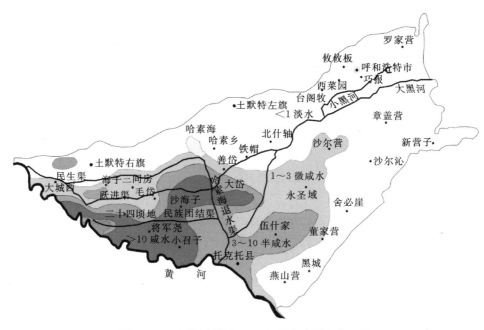

图 5-15 土默川平原 1986 年潜水矿化度分区图

71

盐量呈递减趋势。位于大青山冲洪积扇的土默特右旗—哈素乡—铁帽—北什轴—沙尔营一带，区域地下水矿化度普遍由原来的 1～3g/L 降到 1g/L 以下。

　　总的来看，引水灌溉使地下水径流区的矿化度有所降低，地下水的排泄区的矿化度大幅升高，土壤盐渍化程度进一步加剧。

　　20 世纪 70 年代后期为了解决土样盐渍化加剧的问题，开始进行了灌排工程配套建设，解决灌区排水问题。哈素海退水渠成为整个区域地下水的主要排泄通道。随着排水工程的完善，区域地下水位有所下降，土壤盐渍化问题一定程度得到了缓解。土默川平原 2003 年潜水矿化度分区图（图 5 - 16）可以代表灌排结合工程实施 20 年后区域潜水矿化度分布特征。从图中可以看出，相对 1986 年，区域潜水矿化度大于 3g/L 的区域面积大幅减少，特别是大黑河以东的麻地壕灌区普遍从 3～10g/L 降到 1～3g/L。矿化度大于 10g/L 的区域依然以沙海子—将军尧为中心分布，但面积相对 1986 年大幅减少。说明灌排结合的工程实施，对促进区域地下水矿化度的降低及抑制土壤盐渍化有明显作用。

图 5 - 16　土默川平原 2003 年潜水矿化度分区图

　　21 世纪初为节约水资源，减少农业灌溉用水，保证工农业经济的可持续发展，土默川平原开始实施节水灌溉工程。主要是减少大水漫灌耕地面积，尽量利用黄河水进行工业生产，利用浅层地下水进行喷灌、滴灌等节水灌溉技术以提高水资源及化肥的利用率，达到节水和保护环境的双重作用。土默川平原 2015 年潜水矿化度分区图（图 5 - 17）可以代表节水灌溉工程实施 10 余年后区域潜水矿化度分布特征。从图中可以看出，相对 2003 年，区域潜水矿化度大于 3g/L 的区域面积大幅减少，仅在大黑河和哈素海退水渠的河间地块上有小面积分布；矿化度大于 10g/L 的区域基本消失。利用地下潜水的节水灌溉技术的实施，进一步减少了农业用水域外引水量，同时降低了区域地下水位，使地下水蒸发量明显减少。对促进区域地下水矿化度的降低及抑制土壤盐渍化有明显作用。

图 5-17 土默川平原 2015 年潜水矿化度分区图

纵观过去近 60 年，土默川平原地下水矿化度演化受人类活动影响明显，其中农业的灌溉方式对其演化有显著作用。大水漫灌的农业生产方式使地势平坦的中南部区域地下水位明显升高，蒸发量增大，地下水含盐量增加，土地盐渍化程度加剧；而地势坡度较大的山前倾斜平原区矿化度有明显降低的趋势。灌排结合的耕作模式使地下水的含盐量及土壤盐渍化的程度有所减缓，但在地形平缓区域，渠系排水效果不明显，依然有大面积高盐水分布。采用井水喷灌、滴灌技术后，减少了农业域外引水、降低了潜水位、提高了水资源利用率，使区域地下水矿化度普遍降低，特别是在平原南部的地下水滞留排泄区域，矿化度降幅达 7g/L 以上。

第三节　地下水化学类型及成因

一、水化学类型分析

土默川平原地下水各含水层化学组分及其含量存在着非常大的差异，但其化学类型却存在着一定的联系和共性。Piper 三线图作为一种重要的水化学分析方法，被广泛地应用于揭示水体水化学特征及水化学演化过程。本书为说明区内地下水的基本水化学特征，利用 Rock Ware Aq·QA 水文地球化学分析系统，绘制出各含水层水化学样品的 Piper 三线图（图 5-18、图 5-19）。结果显示，该区潜水水化学类型以 HCO_3-Ca 型为主，共有 43 个，占样品总数的 54%；其次为 Cl-Na 型和 Cl-Ca·Mg 型，分别占 19% 和 18%；承压水水化学类型也主要为 HCO_3-Ca 型，共有 31 个，占样品总数的 56%；其次为 Cl-Na 型和 HCO_3-Na·Ca 型，分别占样品总数的 20% 和 16%。从整个研究区域上来看，无论是潜水或承压水，从阴离子组分来看，均以重碳酸型水占优势，硫酸与氯化物型水仅局部分布。从阳离子组分来看，潜水和承压水均以钙型水为主，其次为钠及镁型水。

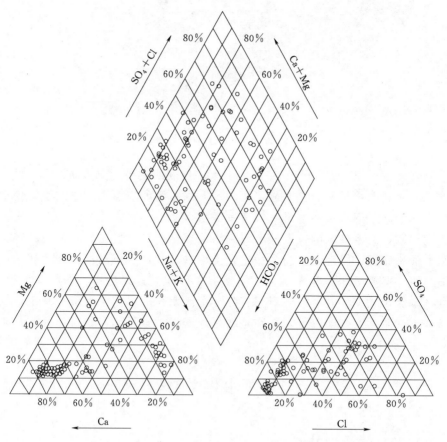

图 5-18　研究区潜水 Piper 三线图

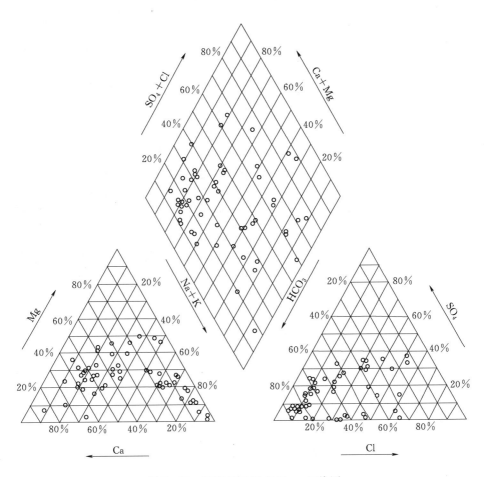

图 5-19　研究区承压水 Piper 三线图

二、水化学类型及成因机制分析

吉布斯图最早用来分析地表水成因类型，后被水文地质工作者引入地下水化学演变特征和规律成因分析，并得到了广泛应用。其基本原理是利用 $TDS-Na^+/(Na^++Ca^{2+})$ 和 $TDS-Cl^-/(Cl^-+HCO_3^-)$ 的关系，把影响天然水化学成分的因素划分为蒸发浓缩、大气降水和水—岩相互作用三种类型。

根据吉布斯图分类，土默川平原潜水可分为蒸发浓缩型和水—岩相互作用型（图 5-20）。在 79 个潜水样中，主要受水—岩相互作用影响的样品有 45 个，受蒸发浓缩作用影响的样品有 34 个。受水—岩相互作用影响的样品主要分布于

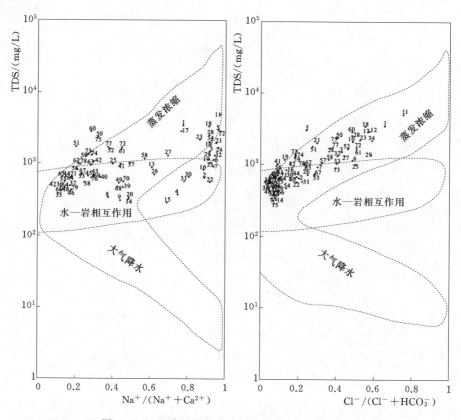

图 5-20 土默川平原潜水样点吉布斯模型分布图

平原北部和东部的大青山和蛮汉山山前倾斜平原一带。这些区域属于地下水的补给径流区，含水层渗透性好，地下水流速快，主要发生溶滤作用。在托克托县城南有三个水样（2 号、26 号、31 号）虽然处于地下水的排泄区，但也表现为水—岩相互作用型。这可能是这些采样点所在区域地下水在丰水季节容易接受黄河水补给影响造成的。受蒸发浓缩作用影响的潜水样品区，主要分布于大黑河下游的冲湖积平原区。这些区域地下水位埋深浅，含水层颗粒细小，蒸发作用强烈（图 5-21）。

根据吉布斯图，该区承压水也可分为水—岩相互作用型和蒸发浓缩型，其中主要受水—岩相互作用影响的有 49 个样品，受蒸发浓缩作用影响的样品只有 7 个（图 5-22）。水—岩相互作用型样品覆盖了土默川平原的大部分地区，这可能与承压水的赋存环境相对封闭，使其不容易受到蒸发和降水影响有关；受蒸发浓缩影响的 7 个样品中有 5 个（2 号、23 号、27 号、28 号、29 号）分布在研究区东南部的湖积台地一带。这可能与该区承压含水层为多层结构，其夹杂着

图 5-21 土默川平原潜水吉布斯特征位置分布图

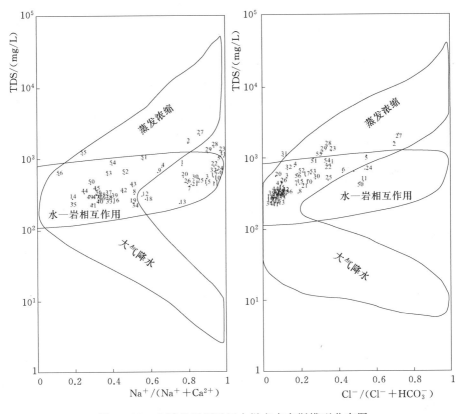

图 5-22 土默川平原承压水样点吉布斯模型分布图

多层富含可溶盐淤泥质有关，表为 $Na^+/(Na^++Ca^{2+})$ 均大于 0.8，且 TDS 浓度偏高。其余 2 个样品（31 号、55 号）可能由于潜水与承压水联系较紧密，表现为蒸发浓缩型（图 5-23）。

图 5-23　土默川平原承压水吉布斯特征位置分布图

为了说明地下水中主要矿物成分的饱和状态，依据研究区地下水样的化学成分分析结果，使用水文地球化学程序 PHREEQC 进行矿物相平衡计算，得出了碳酸盐岩的饱和指数（SI）。其中 SI 用下式确定：

$$SI = \lg \frac{IAP}{K_T} \tag{5-4}$$

式中：IAP 为水溶液中组成某矿物的阴、阳离子活度之积；K_T 为水样在 T 温度条件下热力学平衡常数。

SI 可用于判定某矿物在特定温度下溶解/沉淀。当 SI>0 时，表示这种矿物在地下水中处于过饱和状态，该矿物在地下水中主要发生沉淀作用；当 SI<0 时，则表示该矿物在地下水中处于非饱和状态，地下水有继续溶解该矿物的能力；SI=0 时，表示该矿物在地下水中处于平衡状态。

土默川平原岩土矿物中碳酸盐岩主要是方解石和白云石。通过计算发现，潜水样中方解石饱和指数大于 0 的有 78 个，占样品总数的 99%，白云石饱和指数大于 0 的有 74 个 占样品总数的 94%。承压水样中方解石和白云石饱和指数大于 0 的均为 36 个，占样品总数的 64.3%（图 5-24）。

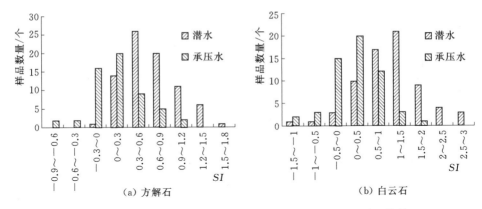

图 5-24　土默川平原潜水、承压水方解石和白云石的饱和指数

三、地下水水化学分带及其意义

对地下水化学指标（Na^+、K^+、Mg^{2+}、Ca^{2+}、Cl^-、SO_4^{2-}、HCO_3^-、NO_3-N、NH_4-N、F^-、总 As、pH 值、Eh 值、COD_{Mn}、TDS）进行 Q 型聚类，分析可以发现，聚类结果不仅与土默川平原地下水流场的划分结果基本吻合而且其中蕴含着更有意义的水化学信息。

在图 5-25 中潜水水样经聚类后划分为 A、B、C、D 四个类型。各组水样在研究区的位置见图 5-26。综合分析图 5-25 与图 5-26，可以总结聚类图中各组水样揭示的水文地球化学信息。A 组水样基本位于大青山和蛮汉山山前倾斜平原区，该区域为地下水的补给区，含水层主要由砂砾石构成，厚度大、地下水流速快，矿化度较低，地下水水质较好。B 组水样分为两部分，B1 区主要位于大青山和蛮汉山冲洪积扇扇缘和冲积湖积含水层接壤的地带；B2 区主要位于现代黄河冲积平原上，两者的共同特点是含水层淤泥质含量高、地下水流速慢，水岩相互作用过程复杂（如长石类的水解反应）；C 区主要位于湖积台地，受构造运动抬升的影响，地下水位埋深较大，含水层主要为新近系、古近系和白垩系孔隙—裂隙水，地下水中氟化物含量普遍较高。D 区处于大黑河沿岸，含水层主要为湖相沉积，颗粒细小，该处是区域地下水的滞留排泄，水位埋深浅、蒸发强烈，土壤盐渍化严重。另外，样点 U1、U2 虽然处于湖积台区域，但仍表现为蒸发浓缩强烈的 D 类型，这主要是 F13 和 F14 断层的局部阻水作用，使该样点附近形成一个局部区域的地下水潜水滞留排泄区；U60、U61、U72 区域位于黄河冲积平原中部，地下水位埋深潜，蒸发强烈，表现为 D 区属性；U25、U26、U27 主要受黄河水与地下水交换的影响，表现出与周围地下水化学特征不同的特点。

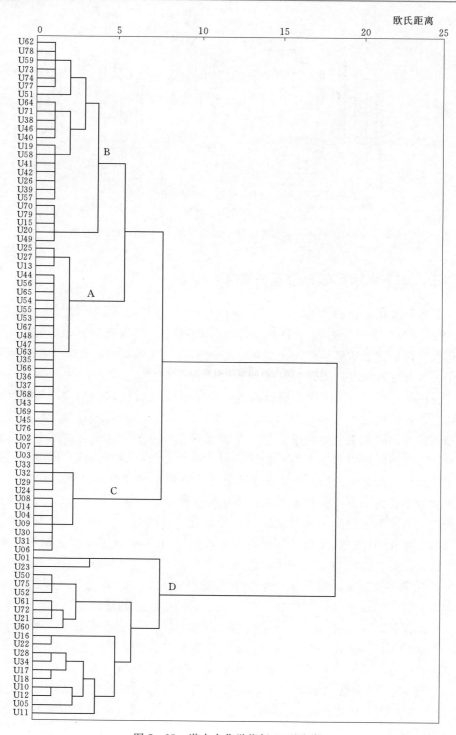

图 5-25　潜水水化学指标 Q 型聚类

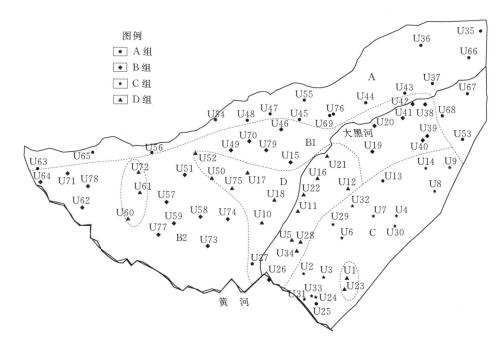

图 5-26 不同聚类组别潜水分布图

在图 5-27 中，承压水水样经聚类后也划分为 A、B、C、D 四个类型。各组水样在研究区的位置见图 5-28。综合分析图 5-27 与图 5-28，可以总结聚类图中各组水样揭示的承压水水文地球化学信息。A 组水样基本位于土默川平原外围的山前倾斜平原区，该区属于承压水的补给区，含水层主要由砂砾石构成，厚度大、地下水流速快，潜水和承压水水力联系密切，地下水矿化度较低。B 组水样主要为承压水的径流区，含水层以细沙和粉细砂为主，分为多层结构，含水层间多夹杂淤泥质层。C 区东部以中更新世淤泥质黏沙土及河漫滩相粉细砂与黏土互层为主；西部主要位于湖积台地的南部，台地下部主要由古近纪和新近纪泥岩及白垩纪砂砾石构成，两者的共同特点是含水层渗透性差，含水介质含盐量高。D 区处于整个承压含水层的排泄区，含水层主要为湖相沉积，颗粒细小，含水层中淤泥质及有机质含量高，承压水主要以顶托越流补给潜水的方式排泄。另外，样点 C22、C23、C24 虽然处于 D 区，但表现为与区域地下水不同的特征，这可能与黄河水质对地下水的影响有关。

总的来看，区域地下水水化学特征受地下水动力场和含水层介质的影响呈现有规律的变化，平原南部黄河沿岸地下水与黄河水有明显的水量交换，表现出异常特征。

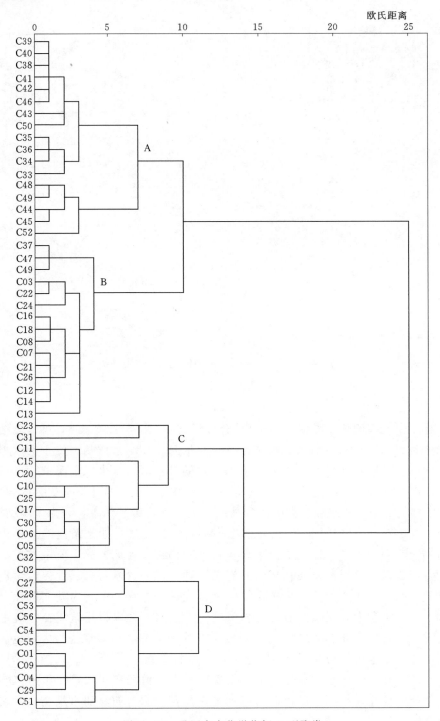

图 5-27　承压水水化学指标 Q 型聚类

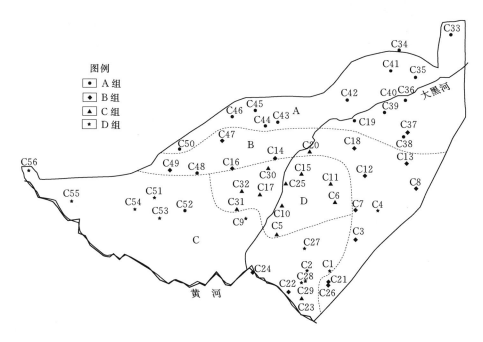

图 5-28 不同聚类组别承压水分布图

第四节 小 结

通过对区域地下水样品的采集、监测，结合地下水流动系统理论，运用统计分析、Piper 三线图、吉布斯图及聚类分析揭示了区域地下水化学特征及其控制因素。

整个土默川平原地下水呈现弱碱性，平原中部冲湖积含水层 COD_{Mn} 含量高，呈现较强的还原环境。COD_{Mn} 表现为从山前倾斜平原向中部冲湖积平原逐渐升高的趋势，而 Eh 值的变化恰恰相反。

土默川平原潜水补给径流区，地下水主要受水—岩相互作用影响；冲湖积平原区主要受蒸发浓缩作用影响。承压水除了湖积台地区域均表现为受水—岩相互作用影响。无论潜水还是承压水，"八大离子"的平均质量浓度排序相同，阳离子均为 Na^+ 浓度最高，其次为 Ca^{2+}、Mg^{2+}，K^+ 浓度最低；阴离子均为 HCO_3^- 质量浓度最高，其次为 Cl^-，SO_4^{2-} 浓度最低。

受地下水流动影响，山前倾斜平原地带地下水处于氧化环境，地下水中的氮化物主要为硝态氮，浓度多在 20mg/L 以上；中部平原区地下水呈现较强的还原环境，地下水中氮污染物主要为铵态氮，浓度基本达到 0.2mg/L 以上，最高浓度在 20mg/L 以上。

　　总的来看，区域地下水水化学特征受地下水动力场和含水层介质的影响呈现有规律的变化，平原南部黄河沿岸地下水与黄河水有明显的水量交换，表现出异常特征。

第六章 地下水系统典型剖面水化学反应过程模拟

第一节 PHREEQC 反向地球化学模拟的基本原理

地下水的化学特征是在漫长的地质历史时期形成的，在特定的区域揭示过去主要发生的化学作用，未来地下水可能的演化趋势，对合理地保护、开发利用地下水资源至关重要。一般地，沿着地下水的流动途径，随着含水层岩性、地下水化学组分、地下水流动速度的变化，控制水—岩相互作用过程的因素也在演变。

地球化学反应过程模拟是理解地下水及水—岩相互作用的重要方法和手段。沿着地下水流动途径，在水—岩相互作用下，地下水的水质呈现有规律的变化。这些水岩相互作用过程包括地下水的混合作用、矿物的溶解和沉淀作用、离子交换及氧化还原反应等。PHREEQC 软件的反向模拟功能就是以已知水化学资料为基础，假定模拟终点的地下水化学组分是由起点的水溶液与沿水流途径上的矿物相及气相相互作用的结果。通过建立相邻两个水样间各组分的质量平衡方程、电荷迁移的摩尔平衡方程等，推断在这个路径上可能发生的水—岩相互作用过程。

在利用 PHREEQC 进行反向地球化学模拟过程中，参与计算的每一种元素至少需包含在模型所选择的一种矿物相中。在进行模拟时，首先应通过水文地质调查选取可能的参与反应的矿物相。由于 PHREEQC 质量平衡计算结果往往具有多解性，因此地下水流动途径和可能矿物相的选择对模拟结果的影响很大。在多解情况下，应根据区域地下水流动系统的特点从宏观上把握地下水沿着流动途径可能发生的水文地球化学过程，选择合适的计算结果进行分析。

根据对土默川平原地下水流动系统的宏观认识，本节结合地下水流场、化学场分析，构建典型剖面水化学反向模拟模型，进一步探讨影响区域水化学特征的主要水—岩相互作用过程。

第二节 典型剖面水化学反应模拟

根据沉积环境，土默川平原主要由三部分构成，西部分布黄河冲湖积平原，中部为大黑河冲湖积平原，东南部为湖积台地。基于对土默川平原潜水地下水流场的分析，结合区域含水层结构特点，选取了三条典型路径进行模拟分析（图 6 - 1）。路径 1（U66—U37—U20—U11）代表沿着大黑河冲积平原由上游山前冲洪积扇到下游冲湖积平原区的演变过程，上游 U66 水样处水位高程约1090m，下游 U11 处水位高程约 995m。路径 2（U30—U12—U11）代表着湖积台地区域由蛮汉山山前倾斜平原（补给区）到大黑河沿岸（滞留排泄区）的地下水演化过程，上游水样 U30 处水位高程约 1070m，下游 U11 处水位高程约995m。路径 1 和路径 2 选择了相同的终点（U11），是基于两点考虑：①U11 处是区域地下水的排泄区，该处地下水为埋深潜，水—岩相互作用强烈；②该处位于湖积台地和大黑河冲湖积平原接壤处，水质同时受北部和东部的来水影响。路径 3（U52－U58—U73）代表着黄河冲湖积平原区域由哈素海到黄河沿岸的变化特征，该路径地下水水力坡度小，整个流动途径上地下水位埋深浅，流速缓慢。这三条路径基本上代表了区域地下水流动路径上水文地球演化的基本特征。

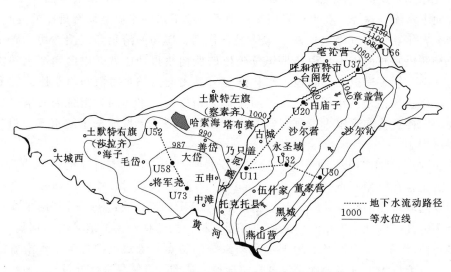

图 6 - 1　潜水等水位线及地球化学模拟路径

一、路径 1 的水文地球化学模拟

基于区域水文地质调查，模型中沿着大黑河流域含水介质的矿物岩相选择钠长石、钙长石、钾长石、石膏、白云石、方解石、萤石、岩盐、黑云母、斜长石，可能参与反应的气体选择 CO_2。从计算的主要矿物饱和指数看，方解石和白云石均处于饱和状态（表 6 - 1），因此在模拟中设置为沉淀状态。

表 6 - 1 路径 1 的潜水饱和指数

样品号	方解石	白云石	石膏	萤石	CO_2/g	岩盐	石英
U66	0.58	0.61	−1.44	−1.7	−1.35	−7.91	−0.15
U37	0.75	0.93	−1.87	−2.25	−1.44	−7.31	−0.14
U20	0.65	1.7	−2.44	−1.57	−2.3	−7.07	0.26
U11	0.88	3.01	−2.85	−2.87	−2.64	−4.19	0.84

　　路径 1 的上游 U66—U37 区域，属于大黑河冲洪积扇的上部，含水层颗粒比较粗大，地下水的径流条件较好。从主要检测指标浓度值可以看出，除了硫酸根离子其他指标浓度非常相近。U66 中硫酸盐含量较高是由于大青山局部区域分布有石膏矿床所致。在 U66—U37 的流动过程中，地下水的 pH 值有所升高，在流动途径上有石膏沉淀作用发生（表 6 - 1）。这一区域主要发生钠长石和岩盐的溶解，钠离子置换钙离子的作用过程。路径 1 的中游 U37—U20 区域，属于大黑河冲洪积扇扇中—扇缘位置，含水层颗粒由粗变细，地下水流动由快到缓，并且局部区域有地下水溢出地表现象。这一路径上主要发生钠长石、岩盐、黑云母的溶解及白云岩和钾长石的沉淀作用。其中白云岩的沉淀导致地下水中钙离子和碳酸氢根离子浓度明显降低（表 6 - 2）。钙离子浓度降低，导致萤石的溶解量增加，地下水中氟化物的浓度有所升高。U20—U11 处于冲洪积扇善缘—湖相沉积含水层上，这一地段含水层淤泥质含量高，地下水基本处于滞留状态。从模拟结果来看，在这一路径上钙长石、钾长石、方解石、斜长石均有沉淀作用发生，黑云母和岩盐的溶解是 U11 样品中钠离子浓度大幅升高的主要原因（表 6 - 2）。在云母溶解的过程中 CO_2 积极参与反应，导致地下水碱性和碳酸氢根浓度进一步升高。随着地下水碱性的升高，方解石和萤石产生沉淀，使地下水中的钙离子浓度降低。地下水中钠离子浓度的升高、碳酸盐岩的沉淀，使钠离子置换固相表面吸附钙离子的能力增强，钠钙交换作用明显（表 6 - 3）。

表 6 - 2 路径 1 的质量平衡计算结果

路径	钠长石	钙长石	钾长石	石膏	白云石	方解石	萤石	岩盐	CO_2/g	Ca - Na	黑云母	斜长石
U66—U37	0.032	−0.001	−0.03	−0.501	0		−0.004	0.947	−0.425	0.227	0	0
U37—U20	0.034	−0.029	−1.635	−0.06	−3.538		0.014	0.597	1.808	0.133	1.659	0
U20—U11	0	−0.137	−1.703	0.25		−3.967	−0.009	64.84	9.184	3.341	2.315	−0.338

表 6 - 3 路径 1 上主要化学指标值 单位：mg/L

样品编号	pH 值	Na^+	K^+	Mg^{2+}	Ca^{2+}	Cl^-	SO_4^{2-}	HCO_3^-	F^-	SiO_2
U66	7.10	23.10	3.56	22.97	186.30	21.90	82.94	636.80	0.32	2.05
U37	7.23	35.70	2.36	21.55	185.10	55.50	30.72	697.10	0.17	2.13
U20	7.87	44.53	3.33	56.37	50.67	75.30	25.00	415.30	0.70	5.34
U11	8.38	1368.00	27.02	222.00	30.00	2375.00	48.80	786.80	0.34	20.57

二、路径 2 的水文地球化学模拟

基于区域水文地质调查，模型中东部湖积台地区域矿物岩相选择钠长石、钙长石、钾长石、石膏、白云石、方解石、萤石、岩盐、黑云母、斜长石，可能参与反应的气体选择 CO_2。

表 6 - 4　　　　　　　　　　　　　路径 2 的潜水饱和指数

编号	方解石	白云石	石膏	萤石	CO_2/g	岩盐	石英
U30	0.45	1.57	-2.01	-0.37	-2.22	-6.43	-0.03
U32	0.59	2.03	-2.21	-0.29	-2.35	-5.44	0.4
U11	0.88	3.01	-2.85	-2.87	-2.64	-4.19	0.84

表 6 - 5　　　　　　　　　　　　　路径 2 的质量平衡计算结果

路径	钠长石	钙长石	钾长石	石膏	白云石	萤石	岩盐	黑云母	CO_2/g	Ca - Na
U30—U32	-0.351	-0.042	0.436	0.082	0.497	0.039	8.752	0	0.834	-1.594
U32—U11	0.003	-0.118	-3.398	-0.781	-4.776	-0.127	55.55	3.630	11.61	11.84

注　单位为 $mmol/kgH_2O$，正值与负值分别代表溶解量和沉淀量。对于 Ca - Na 交换而言，正值代表钙进入液相，钠离子被固相吸附；负值代表钠离子进入液相，钙离子被固相吸附。

表 6 - 6　　　　　　　　　路径 2 上主要化学指标值　　　　　　　　单位：mg/L

样品编号	pH 值	Na^+	K^+	Mg^{2+}	Ca^{2+}	Cl^-	SO_4^{2-}	HCO_3^-	F^-	Si
U30	7.84	142.60	1.14	71.73	34.20	107.00	116.00	470.70	3.71	2.77
U32	8.07	388.00	18.10	76.20	25.30	402.00	123.70	621.00	5.17	7.51
U11	8.38	1368.00	27.02	222.00	30.00	2375.00	48.80	786.80	0.34	20.57

在路径 2 上游，U30—U32 发生的水—岩相互作用过程主要包括钠长石、钙长石的沉淀和钾长石、石膏、白云岩、岩盐及萤石的溶解，CO_2 参与了矿物水解的反应过程（表 6 - 4、表 6 - 5）。钠离子和钙离子的交换作用主要表现为钙离子置换岩土吸附的钠离子。在路径 2 下游，U32—U11 发生的水—岩相互作用过程主要包括钙长石、钾长石、石膏、白云岩、萤石的沉淀过程，岩盐和云母的溶解过程，CO_2 参与了矿物水解的过程。钠离子和钙离子的交换作用主要表现为钠离子置换钙离子。

结合表 6 - 6 给出的离子浓度可以看出，沿着地下水流动途径，pH 值、钠离子、钾离子、镁离子、氯离子、碳酸氢根离子浓度呈明显升高的趋势。在这个过程中发生的水—岩相互作用主要是岩盐的溶解和黑云母的水解作用。其中 CO_2 对云母的水解作用影响巨大，是地下水中离子再平衡的主要驱动力。该路径上游 U30 和 U32 中氟化物浓度分别高达 3.71mg/L 和 5.17mg/L，而 U11 仅为 0.34mg/L。东部地下水的补给区蛮汉山的岩层中富含萤石、云母等富氟矿物，地下水在 U30—U32 的流动过程中萤石不断的溶解是导致氟化物浓度升高的主要原因。由于 U11 所在区域地下水位埋深潜，蒸发浓缩作用明显，如果没有其他化学作用，氟化物的浓度应进一步升高。质量平衡（表 6-5）显示 U30—U11 的路径上，氟化钙处于不断沉淀状态，因此随着 pH 值的升高，萤石达到饱和状态出现沉淀，是导致 U11 中氟化物浓度降低的主要原因。

应该指出，在 U32—U11 路径上钠离子浓度出现大幅上涨，不仅仅与岩盐溶解、硅酸盐水解有关，蒸发浓缩作用在钠离子的富集过程中也具有重要意义。

三、路径 3 的水文地球化学模拟

路径 3 属于黄河冲湖积平原地区，模型中选择的矿物岩相有钠长石、钙长石、钾长石、石膏、白云石、方解石、萤石、岩盐、黑云母，可能参与反应的气体选择 CO_2。

路径 3 的流动途径上，含水层主要为粉细砂，淤泥质、有机质含量高，地下水径流缓慢。路径 3 源头 U52 样点位于哈素海西部，属于大青山冲洪积扇善缘和黄河冲积平原接壤地带。这一区域含水层颗粒细小，有机质及岩盐含量高，地下水位埋深潜，水质差。由表 6-7 可以看出，沿着该路径地下水的 pH 值、HCO_3^-、硫酸根呈明显升高趋势。

表 6-7　　　　　　　　　路径 3 上主要化学指标值　　　　　　单位：mg/L

样品编号	pH 值	Na^+	K^+	Mg^{2+}	Ca^{2+}	Cl^-	SO_4^{2-}	HCO_3^-	F^-	SiO_2
U52	7.33	125.90	1.40	21.45	305.40	505.30	16.80	498.80	0.23	3.25
U58	7.66	186.40	1.97	26.70	104.40	179.90	48.50	636.10	0.16	6.42
U73	7.78	151.20	3.35	64.73	423.00	222.80	173.40	1301.00	0.33	23.65

在地下水在 U52—U58 流动的过程中发生的水—岩相互作用主要包括钠长石、钾长石、石膏、白云石、方解石的溶解作用和钙长石、萤石和岩盐的沉淀及地下水中的钙离子置换固相含水介质吸附的钠离子的作用（表 6-8）。在这一路径上地下水中岩盐浓度的减少，除了盐岩沉淀外，与地下水的稀释也可能有一定的关系。计算的路径 3 上的白云岩和方解石均处于饱和状态（表 6-9），但模拟计算的结果，固相仍能够溶解，这可能与 CO_2 积极参与水—岩相互作用有关。

表 6-8　　　　　　　　　路径 3 的质量平衡计算结果

路径	钠长石	钙长石	钾长石	石膏	白云岩	方解石	萤石	岩盐	CO_2/g	Ca-Na
U52—U58	0.043	−0.028	0.014	0.33	0.219	0.652	−0.002	−9.18	0.813	−6.087
U58—U73	0.273	−0.154	0.036	1.304	1.588	2.632	0.005	1.449	5.594	1.991

注　单位为 mmol/kgH₂O，正值与负值分别代表溶解量和沉淀量。对于 Ca-Na 交换而言，正值代表钙进入液相，钠离子被固相吸附；负值代表钠离子进入液相，钙离子被固相吸附。

表 6 - 9　　　　　　　　　　　路径 3 的潜水饱和指数

样品号	方解石	白云石	石膏	萤石	CO_2/g	岩盐	石英
U52	0.87	0.95	−2.03	−1.86	−1.71	−5.83	0.05
U58	0.88	1.53	−1.91	−2.62	−1.91	−6.09	0.34
U73	1.76	3.07	−1.03	−1.56	−1.77	−6.13	0.91

在路径 3 的下游（U58—U73）地下水由的流动过程中主要发生了钠长石、钾长石、石膏、白云石、方解石、萤石及岩盐的溶解作用和钙长石的沉淀作用。在这一段路径上，CO_2 积极参与水—岩相互作用，导致长石类的水解，这是地下水中碳酸氢根浓度、pH 值升高的主要原因。这一流动路径上，地下水位埋深潜，土壤有机质含量高，土壤中微生物分解有机质产生的 CO_2 能够大量地溶入地下水中，使碳酸盐岩的溶解量明显增大。

第三节　小　　结

该区地下水中常见矿物主要为钠长石、钙长石、钾长石、石膏、方解石、白云石、石膏、萤石、岩盐和石英等。在大黑河冲积平原上，沿着地下水流动路径，上游主要发生水化学作用包括钠长石和岩盐的溶解、钠离子置换钙离子的作用过程；下游主要发生钙长石、钾长石、方解石、斜长石的沉淀作用，黑云母和岩盐的溶解及钠钙交换作用。湖积台地区域沿着地下水流动路径，上游主要发生钠长石、钙长石的沉淀和钾长石、石膏、白云岩、岩盐及萤石的溶解，CO_2 参与了矿物水解的反应过程；下游主要发生岩盐的溶解和黑云母的水解作用。黄河冲湖积平原区沿着地下水流动路径主要发生钠长石、钾长石、石膏、白云石、方解石的溶解作用和钙长石、萤石和岩盐的沉淀及地下水中的钙离子置换固相含水介质吸附的钠离子的作用；下游主要发生钠长石、钾长石、石膏、白云石、方解石、萤石及岩盐的溶解作用和钙长石的沉淀作用。

由于含水介质沉积环境的不同，在地下水不同的流动路径上发生的水—岩相互作用差别很大。

第七章　土默川平原高氟水、高砷水形成机理研究

第一节　高氟水的水化学特征及其富集过程

一、高氟水的浓度分布特征

我国是受氟中毒影响较为严重的国家，尤其是内蒙古、吉林、河北、山西、宁夏等地。土默川平原作为内蒙古主要的人口集中居住区，受地下高氟水影响的人群较多，特别是其东南部的托克托县，平均有 53％ 的居民患有不同程度的氟骨病。

地下水作为一种重要的饮用水源，其水中氟含量的高低会对人体健康产生重要影响，过高或过低的氟含量均可造成一定程度的人体健康问题。一般情况下，当长期饮用氟含量大于 1.0mg/L 的水体时，可能引起氟斑牙及氟骨症等氟中毒疾病。饮水中氟小于 0.3mg/L 时，可引发大骨节病或患无名疼痛病。

研究区潜水中氟化物主要分布在大黑河沿岸及其以东的湖积台地区域，浓度基本都在 1.0mg/L 以上，超过了《地下水质量标准》（GB/T 14848—2017）中Ⅲ类水质标准，最高值出现在托克托县东部的湖积台地区域，浓度在 5.0mg/L 以上。北部的大青山山前倾斜平原及西南冲积平原一带潜水中氟化物含量较低，浓度基本在 0.5mg/L 以下 ［图 7-1 (a)］。

承压水中氟化物的分布特征与潜水类似，北部大青山冲洪积扇群区域浓度基本在 0.5mg/L 以下，向东南逐渐升高；高浓度区分布在大黑河以东一带，最高值位于托克托县东南一带的湖积台地，浓度超过 5.0mg/L ［图 7-1 (b)］。

纵观整个土默川平原，无论潜水和承压水，地下水中氟化物的超标范围主要集中在东南部的湖积台地区域，这可能与古沉积环境有关。

二、地下水流场及古沉积环境对高氟水形成的影响

根据钻探显示，土默川平原东部蛮汉山自新近纪中—晚新世以来至少发生了 4 次玄武岩喷发，火山喷发出的含氟气体和尘埃，经重力沉降或随降水回到地表；平原外围山区（北部大青山和东部蛮汉山）广泛分布的片麻岩、花岗岩及玄武岩，富含磷灰石、云母、角闪石等含氟矿物，这些矿物在风化、淋溶作

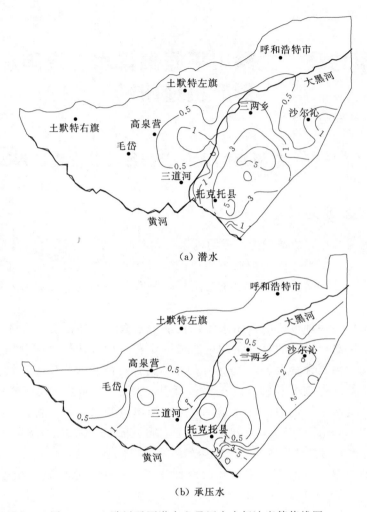

（a）潜水

（b）承压水

图 7-1 土默川平原潜水和承压水中氟浓度等值线图

用下产生的碎屑及释出的氟化物，随地表水和地下水向盆地中运移。经过漫长的水文地质演化，盆地内土壤及含水介质中富含氟化物。据调查，该区土壤水溶态氟浓度一般为 7～15mg/kg，最高达 44mg/kg，其含量受土壤有机质、成土母质、土壤质地、土壤 pH 值及气候条件等影响。这些赋存于地表土壤及含水介质中的水溶态氟化物在降水、灌溉水及地下水的作用下，容易从土体中释出，这为该区高氟水的形成提供了物质基础。

土默川平原潜水氟化物浓度大于 1mg/L 的区域主要分布于大黑河以东、黄河以北、沙尔沁以南的托克托县的湖积台地及其周围，台地中部浓度最高，达 5mg/L 以上（图 7-2）。该湖积台地由新构造运动上升所形成，其上部由中更新统黄绿色黏砂土及砂黏土、砂、砂砾石组成，下部为古近系和新近系泥岩。自新近系以来，该区接受了巨厚的以湖相为主的泥、砂质沉积。穿越台地中部的断层F13，其东部为砂砾潜水含水层，西部为淤泥质隔水层，阻水作用明显。因此，在该断层影响下，从蛮汉山补给过来的地下水在断层以东形成局部潜水排泄区。蛮汉山与和林格尔台地富氟矿物（如黑云母、白云母），经风化、淋溶释放出来的氟化物随地下水流动向西运移，受阻水断层及强烈的蒸发浓缩作用影响在台地中部积累，从而形成高氟水。

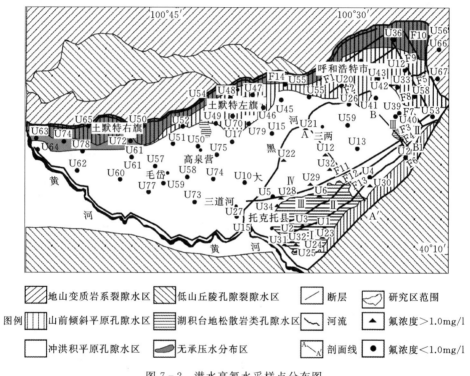

图 7-2　潜水高氟水采样点分布图

承压水氟化物浓度大于 1mg/L 的区域主要分布在大黑河下游冲湖积平原区，高浓度（>5mg/L）仍位于湖积台地南部，主要处于第Ⅰ、第Ⅱ及第Ⅲ断块的南部，最高达 11.2mg/L（图 7-3）。湖积台地南部区域承压含水层主要由白垩系孔隙—裂隙砂岩构成。该区白垩系岩层属于湖相沉积，由多层厚度不等的砂岩、泥岩及砂泥岩互层分布（图 7-4）。其中砂岩地层裂隙发育，富水性比较好，构成台地区域主要的承压含水层。白垩系及其上覆古近系和新近系中的泥岩及砂泥岩含有大量的萤石、云母等含氟矿物，这成为白垩系地下水中氟化物的主要来源。泥岩中含氟浓度较高的云母在 OH^- 离子交换作用下释放进入地下水，使承压水氟浓度升高［式（7-1）、式（7-2）］。同时由砂岩和砂泥岩构

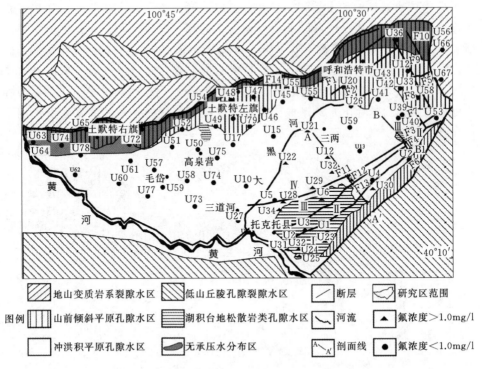

图 7-3 承压水高氟水采样点分布图

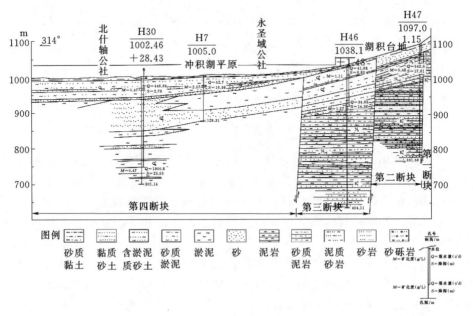

图 7-4 A-A′水文地质剖面图

成的含水层渗透性差，地下水径流缓慢，有利于氟的富集。

$$KAl_2[AlSi_3O_{10}]F_2 + 2OH^- \longrightarrow KAl_2[AlSi_3O_{10}][OH]_2 + 2F^- \qquad (7-1)$$

$$KMg_3[AlSi_3O_{10}]F_2 + 2OH^- \longrightarrow KMg[AlSi_3O_{10}][OH]_2 + 2F^- \qquad (7-2)$$

三、高氟水形成的水文地球化学因素

高氟水的形成与区域地下水流场和水化学场紧密相关。利用 Piper 三线图分析各水样的水化学类型，再结合水样中氟化物的浓度特征，可以对形成高氟水的地下水环境有进一步的认识。该区潜水水化学类型主要为 HCO_3 - Ca、Cl - Na 和 Cl - Ca·Mg 型，分别为 42 个、15 个和 14 个。氟化物浓度大于 1.0mg/L 的 20 个水样中，Cl - Na 型水化学类型最多，有 13 个，占超标样品总数的 65%；HCO_3 - Ca 型水样有 5 个，占超标样品总数的 25%；Cl - Ca·Mg 和 HCO_3 - Na·Ca 型各 1 个（图 7 - 5）。可见平原区地下水位埋深浅，蒸发浓缩作用强烈对潜水中高氟水的形成具有重要影响。

承压水水化学类型也主要为 HCO_3 - Ca 型，共有 31 个；其次为 Cl - Na 型和 HCO_3 - Na·Ca 型，分别有 11 个和 9 个，Cl - Ca·Mg 型和 HCO_3 - Na 型在区内偶有分布。该区承压水氟化物浓度大于 1.0mg/L 样点有 14 个，其中 5 个为 Cl - Na 型（图 7 - 5），占超标样品总数的 36%；3 个 HCO_3 - Na·Ca 型，占超标样品总数的 21%；5 个 HCO_3 - Ca 型，占超标样品总数的 36%；1 个 HCO_3 - Na 型。可以看出承压水中高氟水的形成受多因素影响，其中高碳酸氢根浓度对氟化物的释出具有重要促进作用。

总的来看，该区高氟地下水的水化学类型阳离子以 Na^+ 为主，阴离子以 HCO_3^- 和 Cl^- 为主。

从水文地球化学作用来看，控制研究区高氟水形成的因素主要包括富氟矿物的溶解、Na - Ca 阳离子交换以及沉积物表面 OH^- 的竞争吸附。

基于本次调查采集的 79 组潜水样和 56 组承压水样的监测结果，利用 SPSS19.0 软件分别分析潜水和承压水中氟化物和其他各监测指标的相关性。根据分析结果，影响本区高氟水形成的化学因素主要有：pH 值、HCO_3^-、Na^+ 和 Ca^{2+} 含量（表 7 - 1）。

表 7 - 1　　　　　土默川平原有关监测指标与氟化物的相关性分析

项目	pH 值	Ca^{2+}	HCO_3^-	Na^+	As	Fe	Mn
潜水 F^-	0.48**	-0.51**	-0.01	0.34**	-0.13	-0.08	-0.23
承压水 F^-	0.42**	-0.25	0.19	0.54**	-0.03	-0.06	-0.06

注　**在 0.01 水平（双侧）上显著相关。

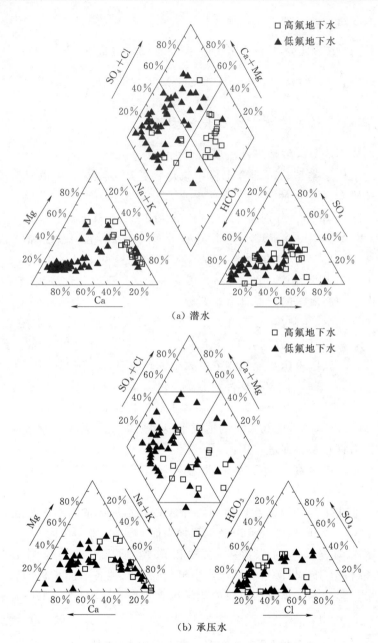

图 7-5　土默川平原高氟地下水 piper 三线图中分布特征

　　一般情况下，Na^+ 当量百分比高的地下水中 F^- 含量高，Ca^{2+} 当量百分比高的地下水中则相反，这主要是因为水溶液中 CaF_2 固体的溶解度要比 NaF 固体低很多。当水中 Ca^{2+} 含量增加时，氟的络合物遭到破坏，钙与氟结合成难溶的氟化钙，减少了地下水中氟含量。

该区地下水中的 Ca^{2+} 与 Mg^{2+} 主要来源于方解石、白云石和石膏的溶解。可以用 $（Ca^{2+}＋Mg^{2+}－SO_4^{2-}－HCO_3^-）$ 来表示除去方解石、白云石和石膏溶解而剩余的 $（Ca^{2+}＋Mg^{2+}）$ 量，而用 $（Na^+－Cl^-）$ 表示岩盐溶解之外的剩余的 Na^+ 量。绘制地下水样的 $（Ca^{2+}＋Mg^{2+}－SO_4^{2-}－HCO_3^-）$ 和 $（Na^+－Cl^-）$ 关系图（图 7-6），如果两者的线性拟合斜率接近 -1，则说明 Na^+ 的增加（或减少）和 $（Ca^{2+}＋Mg^{2+}）$ 的减少（或增加）密切相关，阳离子交换作用在地下水化学成分的控制中起重要作用。

$（Ca^{2+}＋Mg^{2+}－SO_4^{2-}－HCO_3^-）$ 和 $（Na^+－Cl^-）$ 关系图显示，潜水拟合斜率为 -0.991（$R^2＝0.872$）［图 7-6（a）］，承压水为 -0.948（$R^2＝0.972$）［图 7-6（b）］，线性关系极为显著。说明该区地下水中 Na^+ 的增加主要来源于 Ca^{2+} 和 Mg^{2+} 的减少，阳离子交换吸附作用是影响土默川平原地下水化学成分的重要水文地球化学过程。

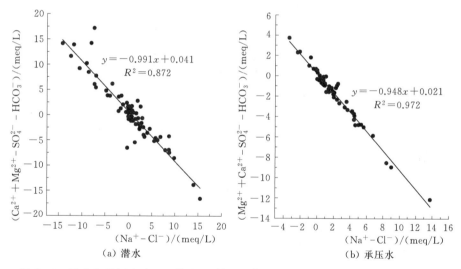

图 7-6　潜水和承压水中（$Ca^{2+}＋Mg^{2+}－SO_4^{2-}－HCO_3^-$）和（$Na^+－Cl^-$）关系图

基本原理见式（7-3）：

$$2Na-X＋Ca^{2+}＝Ca-X＋2Na^+ \qquad (7-3)$$

式中：X 为含水介质（固态）。

在离子交换作用下，地下水中 Ca^{2+} 维持在一个较低的水平，有利于 F^- 在地下水中的迁移及富集。

对比潜水中 F^- 浓度与 pH 值等值线图［图 7-1（a）、图 5-10（a）］可以看出，F^- 浓度大于 3mg/L 的区域，恰好与 pH 值高于 8.0 的分布区一致；F^- 浓度小于 0.5mg/L 的区域 pH 值基本小于 7.8。同时，相关性分析表明潜水中 F^-

浓度与 pH 值呈现明显正相关关系，相关系数为 0.48（表 7-1）。

对比承压水中 F^- 浓度与 pH 值等值线图［图 7-1（b）、图 5-10（b）］可以看出，F^- 浓度大于 2mg/L 的区域，pH 值基本高于 8.0，特别是 F^- 浓度大于 3mg/L 的湖积台地南部区域 pH 值高于 8.2；F^- 浓度小于 0.5mg/L 的区域 pH 值基本小于 7.8。同时，相关性分析表明承压水中 F^- 浓度与 pH 值呈现明显正相关关系，相关系数为 0.42（表 7-1）。

F^- 浓度与 pH 值的这种关系与地下水中 F^- 和 OH^- 的竞争吸附有关，由于 OH^- 与 F^- 的离子半径相近，当地下水 pH 值升高时，OH^- 浓度也随之升高，因此 OH^- 会与 F^- 发生竞争吸附，增加了 F^- 进入地下水中机会。

对比潜水中 F^- 浓度与 Ca^{2+} 浓度等值线图［图 7-1（a）、图 5-4（a）］可以看出，F^- 浓度大于 3mg/L 的区域，恰好与 Ca^{2+} 浓度低于 50mg/L 分布区一致；F^- 浓度小于 0.5mg/L 的区域 Ca^{2+} 浓度基本大于 100mg/L。同时，相关性分析表明潜水中 F^- 浓度与 Ca^{2+} 浓度呈现明显负相关关系，相关系数为 -0.51（表 7-1）。

对比承压水中 F^- 浓度与 Ca^{2+} 浓度等值线图［图 7-1（b）、图 5-4（b）］可以看出，F^- 浓度大于 1mg/L 的区域，基本上与 Ca^{2+} 浓度低于 50mg/L 分布区一致；F^- 浓度小于 0.5mg/L 的区域 Ca^{2+} 浓度基本大于 100mg/L。同时，相关性分析表明承压水中 F^- 浓度与 Ca^{2+} 浓度呈现负相关关系，相关系数为 -0.25（表 7-1）。

这一结果表明 F^- 容易在 Ca^{2+} 浓度低的地下水中富集，萤石（CaF_2）溶解平衡控制着地下水中 F^- 与 Ca^{2+} 的质量浓度。如果地下水中 Ca^{2+} 浓度较高，其容易与 F^- 结合形成溶解度较低的 CaF_2 沉淀，这不利于 F^- 的富集，而当地下水中 Ca^{2+} 浓度较低时，有助于萤石（CaF_2）的溶解，有利于 F^- 积累。

相关性分析表明潜水和承压水中 F^- 浓度与 Na^+ 浓度均呈现明显正相关关系，相关系数为 0.34 和 0.54（表 7-1）。

以上相关性分析表明，该区地下水中氟化物的浓度与 pH 值、Na^+ 浓度呈正相关，和 Ca^{2+} 浓度呈负相关，区域碱性环境是氟化物富集的主要诱因。

含水介质中的铝硅酸盐在二氧化碳作用下水解产生的富 Na^+ 的碱性环境，对区域碳酸盐岩的沉淀和富氟矿物的溶解具有重要影响。在铝硅酸盐水解产生的富 HCO_3^- 的水化学环境下［式（7-4）～式（7-6）］，地下水中的 Ca^{2+} 不断与 HCO_3^- 结合形成碳酸钙沉淀［式（7-7）］，Na^+ 与 Ca^{2+} 的离子交换作用进一步使地下水中 Ca^{2+} 浓度降低［式（7-3）］。由于萤石的溶解度远远大于方解石和白云石，地下水中 Ca^{2+} 浓度的减少有利于萤石的溶解［式（7-8）］。

$$2KAlSi_3O_8 + 2CO_2 + 3H_2O \longrightarrow Al_2Si_2O_5(OH)_4 + 2K^+ + 2HCO_3^- + 4SiO_2$$

$$(7-4)$$

$$2NaAlSi_3O_8 + 2CO_2 + 3H_2O \longrightarrow Al_2Si_2O_5(OH)_4 + 2Na^+ + 2HCO_3^- + 4SiO_2$$
$$(7-5)$$

$$Na_{0.62}Ca_{0.38}Al_{1.38}Si_{2.62}O_8 + 1.38CO_2 + 4.55H_2O \longrightarrow$$
$$0.69Al_2Si_2O_5(OH)_4 + 0.62Na^+ + 0.38Ca^{2+} + 1.24H_4SiO_4 + 1.38HCO_3^-$$
$$(7-6)$$

$$Ca^{2+} + 2HCO_3^- \longrightarrow CaCO_3 \downarrow + H_2O + CO_2 \uparrow \qquad (7-7)$$
$$CaF_2(s) \longleftrightarrow Ca^{2+} + 2F^- \qquad (7-8)$$

该区岩层中的含钙矿物主要是方解石、白云石和萤石，应用 PHREEQC 分别计算其饱和指数，以揭示钙离子对氟化物富集的影响。土默川平原潜水 79 个样品中，方解石、白云石的饱和指数大于 0 的分别占 98.7% 和 94.9%、承压水 56 个样品中，方解石、白云石的饱和指数大于 0 的均占 64.3%。可见土默川平原岩层矿物中方解石和白云石基本处于饱和或超饱和状态。

潜水中萤石的饱和指数小于 0 的占 94.9%，承压水中占 96.4%，该区潜水和承压水中萤石基本处于未饱和状态（图 7-7）。潜水和承压水的萤石饱和指数与 F^- 浓度呈对数关系，潜水的拟合方程为 $y = 0.6498\ln x - 1.0098$，相关系数 $R^2 = 0.9167$；承压水的拟合方程为 $y = 0.6585\ln x - 1.2392$，相关系数 $R^2 = 0.8752$（图 7-8）。随着 F^- 浓度的升高，萤石最终将达到饱和状态。从图 7-8 中可以看出，不管是潜水还是承压水，各个采样点地下水中萤石的饱和指数基本上均小于 1，氟化物的浓度具有进一步升高的潜力。因此在目前的水文地质条件下，方解石、白云石过饱和沉淀导致地下水中 Ca^{2+} 浓度的降低，促进 CaF_2 进

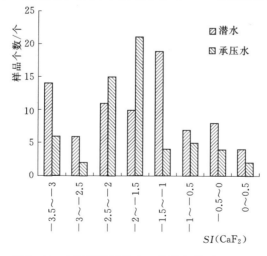

图 7-7　土默川平原潜水、承压水萤石（CaF_2）
的饱和指数

一步溶解，使 F^- 浓度进一步升高。

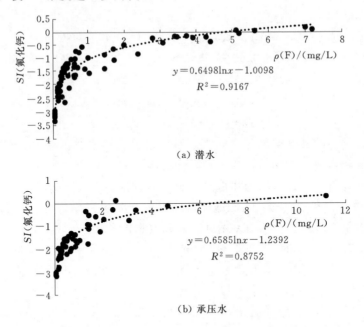

（a）潜水

（b）承压水

图 7-8 土默川平原潜水、承压水氟化物浓度与萤石饱和指数的关系

总的来看，在地下水中 HCO_3^- 浓度较高的时候有利于 F^- 浓度增加，容易引起地下水中氟的富集。另外，由于 HCO_3^- 与 F^- 均为阴离子，且都为负一价，有可能存在竞争吸附，HCO_3^- 浓度较高时，从岩土中容易将 F^- 解吸出来，使水中氟浓度升高。因此，在一定 pH 条件下，HCO_3^- 浓度对地下水 F^- 含量有重要的影响。

从吉布斯图（图 7-9）上看，潜水含水层高氟地下水（氟浓度＞1.0mg/L）主要分布在其右上角。表明潜水高氟地下水形成受蒸发浓缩作用影响明显。另外高氟地下水的 $Na^+/(Na^++Ca^{2+})$ 比值普遍大于 0.8，说明其阳离子交换作用强烈，岩土矿物表面吸附的 Na^+ 容易被地下水中的 Ca^{2+} 置换，使地下水中 Na^+ 浓度升高，Ca^{2+} 浓度降低，促使 CaF_2 进一步溶解，F^- 浓度升高。

承压含水层高氟水主要受水—岩相互作用影响。高氟地下水的 $Na^+/(Na^++Ca^{2+})$ 比值普遍大于 0.7，说明地下水中 F^- 与 Na^+ 和 Ca^{2+} 浓度关系与潜水一样可能存在着阳离子交换作用。由于该区承压含水层以湖相沉积为主，富含黏土矿物，其表面容易吸附 Na^+；而地下水中方解石、白云石基本处于超饱和状态，通过阳离子交换作用使 Ca^{2+} 浓度降低，促使 CaF_2 进一步溶解。

因此，蛮汉山新近系中新世以来四次玄武岩喷发及盆地周围基岩山区含氟

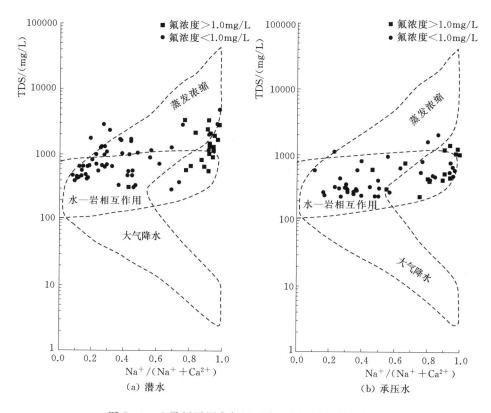

图 7-9　土默川平原高氟地下水 Gibbs 图中分布特征

矿物的广泛分布是平原区氟化物的主要来源，含水介质中铝硅酸盐水解产生的富 HCO_3^- 的碱性环境、Na^+ 与 Ca^{2+} 间发生的离子交换形成的高 Na^+、低 Ca^{2+} 及蒸发浓缩是局部区域形成高氟地下水的主要原因。

第二节　高砷水的水化学特征及其富集过程

一、高砷水的浓度分布特征

土默川平原潜水高砷区主要分布于大黑河中游西部的土默特左旗、高泉营和三两乡之间的三角地带，浓度基本在 $50\mu g/L$ 以上。其中，哈素海及其周边区域浓度最高，达 $150\mu g/L$ 以上 [图 7-10（a）]。

承压水高砷区主要分布于大黑河冲湖积平原下游，从高泉营—三道河浓度基本在 $20\mu g/L$ 以上，最高浓度达 $80\mu g/L$ 以上 [图 7-10（b）]。

研究区高砷地下水的主要特征是 pH 值为 7.8～8.2 的弱碱性水；地下水的

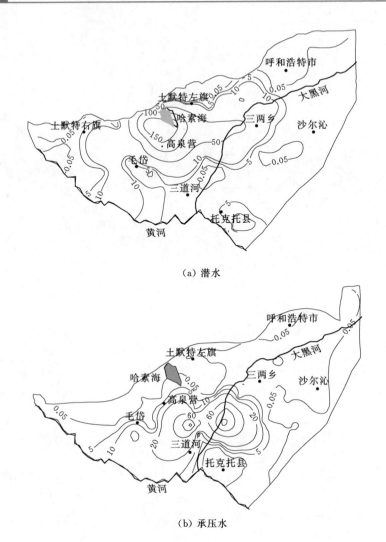

（a）潜水

（b）承压水

图 7-10　土默川平原潜水和承压水中砷的浓度
分布特征图（单位：$\mu g/L$）

氧化还原电位在－50mV 以下，显示出较强的还原环境。

二、地下水流场及古沉积环境对高砷水形成的影响

区域地质及水文地质调查资料显示，土默川平原及其外围山区的基岩中基本没有含砷矿物，因此地下水中砷化物来的来源是首先应考虑的问题。

根据地貌、沉积环境和地质条件的不同，土默川平原可分为 5 个区，即山前倾斜 2 平原、大黑河和什拉乌素河冲湖积平原、山前冲洪积扇前洼地、湖积

台地和黄河冲湖积平原（图 7-11），各个区的基本特征见表 7-2。

图 7-11　土默川平原环境水文地质条件分区图

表 7-2　　　　　　　　　　　　　环境水文地质条件分区表

环境水文地质分区			环境水文地质条件		
名称	区代号	亚区代号	地貌条件	地质条件	含水层特征
山前倾斜平原	I		由山前为数众多，大小不一的冲洪积扇相连成群，沿大青山前呈带状分布，宽约 3～10km	以上更新世至全新世冲、洪积含砂砾石、含砾中粗砂为主，中夹薄层粉细砂、黏沙土、砂黏土，具有上粗下细的特征	含水层以山前冲洪积砂卵石层为主，含水层厚度由西向东逐渐变薄。赋存孔隙潜水及半承压水，水量丰富
大黑河、什拉乌素河冲湖积平原	II	II₁	位于土默川平原东部，地貌形态主要由大黑河、小黑河、什拉乌素河上游地段的现代河谷、河漫滩及河间地块构成。地形东高西低	以中更新世砂、砂砾石，下更新世砂与砂砾土互层为主，岩性由东向西呈渐变规律，上更新至全新世沉积物较薄	中更新世早期冲、洪积砂卵石、砂砾石及含砾中粗砂为主要含水层，赋存孔隙水及承压水，水量丰富，含水层厚度一般大于 30m
		II₂	位于塔布赛—乃只盖以东、湖积台地与扇前洼地之间。为大黑河、什拉乌素河下游冲积、湖积平原。地形平坦，略向西南倾斜，水位埋深浅，蒸发强烈	以上更新至全新世河湖交互相沉积物为主，岩性为灰黑色砂、砂砾石、砂黏土淤泥质土互层，下部中更新世河湖相淤泥质土夹砂、砂砾石	含水层岩性以上更新至全新世中粗砂、粉砂、细砂为主，赋存孔隙潜水、半承压水及承压水自流水。含水层厚度较小，一般为 20～30m

环境水文地质分区		环境水文地质条件		
山前冲洪积扇前洼地	III	呈东西带状分布于冲洪积扇群带前，南缘与冲湖积平原接壤。地势低平。水位埋藏浅，径流条件差。有土壤次生盐渍化现象	该区位于山前倾斜平原与两大冲洪积平原交接处，沉积物多为细粒深色粉砂、黏沙土、砂黏土和淤泥质土，局部夹湖沼沉积之泥炭层	主要含水层为上更新至全新世粗砂、中粗砂和粉细砂，中间夹有薄层淤泥质土，赋存半承压水及承压自流水，含水层厚度一般为30～80m，潜水位埋藏浅，径流、排泄条件差
湖积台地	IV	位于土默川平原的东南部，台面微有起伏，略向北倾斜，一般高出平原3～5m，台面多冲沟干谷，侵蚀破坏严重	台地下部主要由古近纪和新近纪泥岩及白垩纪砂砾石构成，上覆中更新世黄绿色粉细砂、黏沙土、砂黏土互层。上更新至全新世砂、砂砾石仅有零星分布	本区以白垩纪砂岩、砂砾石为主要含水层，赋存孔隙承压自流水，补给、径流、排泄条件较差，含水层厚度一般为60～80m
黄河冲湖积平原	V₁	分布于哈素海北干渠以南，塔布赛—乃只盖以西广大地区。为现代黄河冲积、湖积平原。北部与山前冲洪积扇前洼地相连，地势较为平坦开阔，略向东南倾斜。哈素海周围及黄河沿岸有大片土壤盐渍化	上部以上更新至全新世冲、湖积细砂、粉砂、砂黏土为主，下部为中更新统上段深褐色淤泥质黏沙土夹芒硝，具典型湖盆沉积特征	含水层岩性以灰黄色细砂为主，赋存孔隙半承压水及承压水，接受程度不同的大气降水及山前径流补给。含水层厚度变化较大，由小于10m到大于100m，径流排泄条件较差
	V₂		以中更新世淤泥质黏沙土及河漫滩相粉细砂与黏土互层为主，上更新至全新世及中更新世上段冲积，湖积物厚度明显变小	以中更新世早期薄层粉砂为主要含水层，赋存孔隙潜水和半承压水，含水层厚度一般为30～50m，径流排泄条件差

对比潜水砷浓度分布等值线图［图7-10（a）］与土默川平原环境水文地质条件分区图（图7-11）可以看出，潜水的高砷分布区基本上位于大青山冲洪积扇扇缘以南，以哈素海为中心的现代黄河冲积、湖积平原区。哈素海是黄河变迁而遗留的牛轭湖，属大黑河水系的外流淡水湖泊，是整个平原残存的、唯一没有被沉积物所覆盖的大型地表水体。其地形低洼，接受周边地下水，特别是潜水的补给，然后通过蒸发和沿着黄河退水渠向黄河排泄。这一区域含水层岩性以灰黄色细砂为主，赋存孔隙半承压水及承压水，接受程度不同的大气降水及山前径流补给。含水层厚度变化较大，由小于10m到大于100m，径流排泄条件较差。

现代黄河冲积、湖积物中富含铁锰等氧化物，这些矿物成为砷化物的载体。由黄河水从其上游汇流区携带的被铁锰等氧化物（或氢氧化物）吸附的砷化物，来到了流速较慢的呼和浩特盆地，随铁锰等氧化物一起沉积于盆地中，这为哈素海区域地下水中砷化物的富集提供了物质来源。哈素海及其西南区域（V1）

上部岩层以上更新至全新世冲、湖积细砂、粉砂、砂黏土为主，下部为中更新统上段深褐色淤泥质黏沙土夹芒硝，具典型湖盆沉积特征，富含有机质，地下水处于较强的还原环境。在还原环境下，铁锰氧化物的还原性溶解使吸附于其上的五价砷化物进入地下水，进而还原为迁移性更强的三价砷化物。由于该区潜水位埋深较浅（1～3m），在强烈的蒸发作用下使砷化物进一步富集。

对比承压水砷浓度分布等值线图［图7-10（b）］与土默川平原环境水文地质条件分区图（图7-11）可以看出，承压水的高砷分布区基本上位于大黑河、什拉乌素河冲湖积平原与湖积台地接壤处。大黑河从上游山区携带的金属氧化物等吸附的砷化物，流到地形平缓的平原区，不断地沉积，可能是承压水中砷化物的主要来源。这一地带以上更新至全新世河湖交互相沉积物为主，岩性为灰黑色砂、砂砾石、砂黏土和淤泥质土互层，下部中更新世河湖相淤泥质土夹砂、砂砾石。含水层岩性以上更新至全新世中粗砂、粉砂、细砂为主，赋存孔隙潜水、半承压水及承压水。含水层厚度较小，一般为20～30m。该组岩层颗粒细小，淤泥质含量高，地下水处于较强的还原环境，这为砷化物的解吸、还原及富集提供了适宜环境。

根据以上分析，该区高砷水的形成与地表水对砷化物的搬运作用有很大关系。在河流上游经过风化、淋溶等物理化学作用从矿物中释出的砷化物吸附于铁锰氧化物（或氢氧化物）表面，在水流作用下，随河水运移。在河流下游水流较缓的河段，随着铁锰氧化物的沉积，砷化物也不断在沉积物中累积，在合适的水文地球化学环境下砷化物从固体颗粒物表面解析进入地下水并富集，从而导致高砷水的形成。

本次研究采集了第四系晚更新统—全新统土壤样品58个，中更新统下岩段和上岩段土样各18个（每个钻孔均分层取样），分析了土样的全盐量，以此对土默川平原各岩层含盐量的变化和砷化物的浓度分布关系进行分析。从钻孔分层采样分析结果看（表7-3），晚更新统—全新统岩层全盐量为35.4～532.7mg/100g干土，平均值为135.4mg/100g干土；中更新统下岩段全盐量为36.6～500.1mg/100g干土，平均值为139.7mg/100g干土，两者全盐量的含量比较相似。中更新统上岩段主要为湖相沉积的淤泥质岩层，全盐量为36.8～6132.7mg/100g干土，平均值为633.9mg/100g干土。

表7-3　　　　　　　　不同年代沉积物全盐量监测表　　　　单位：mg/100g干土

编号	Q_2^1	Q_2^2	Q_{3-4}
Z2	41.7	46.2	46.5
Z2	101.3	105.2	98.7
Z3	86.5	173.2	358.3

续表

编号	Q_2^1	Q_2^2	Q_{3-4}
Z4	60.4	130.5	52.1
Z5	46.3	72.8	47.9
Z6	55.6	130.6	66.4
Z7	52.1	66.3	41.3
Z8	50.1	45.2	48.3
Z9	298.5	164.8	157.2
Z10	307.6	6132.7	532.7
Z11	250.1	152.6	127.1
Z12	500.1	3287.1	312.6
Z13	86.7	154.3	109.3
Z14	95.2	231.6	88.5
Z15	248.3	275.2	189.1
Z16	157.2	145.6	85.7
Z17	36.6	58.9	40.3
Z18	40.8	36.8	35.4
平均值	139.7	633.9	135.4

土默川平原岩土的全盐含量在水平方向上，具有明显的分带性，潜水含水层（Q_3 和 Q_4）和承压含水层（Q_2^1）在北部、东部和南部等湖盆周边地带，全盐量均较低，一般小于 100mg/100g 干土（图 7-12）。在湖盆沉积中心地带，全盐量最高，一般大于 200mg/100g 干土，在上述两者之间的过渡带，全盐量中等，一般为 100～200mg/100g 干土。潜水含水层（Q_3 和 Q_4）和承压含水层（Q_2^1）的全盐量含量最高的地方均在毛岱—高泉营一带，潜水含水层的全盐量高于 500mg/100g 干土以上，承压含水层全盐量高于 300mg/100g 干土以上。承压含水层明显较潜水含水层含盐量低。各层之间，中更新统上段的全盐量最大，中更新统下段和上更新统—全新统地层次之。

对比土默川平原潜水砷的浓度分布等值线图［图 7-10（a）］和全新统—晚更新统全盐量浓度等值线图［图 7-12（a）］可以看出，潜水砷化物浓度大于 $10\mu g/L$ 的区域基本上与含水层岩土全盐量大于 200mg/100g 干土的区域重叠；对比土默川平原承压水砷的浓度分布特征图［图 7-10（b）］和中更新统下岩段全盐量浓度等值线分布图［图 7-12（b）］可以看出，承压水砷化物浓度大于 $20\mu g/L$ 的区域基本上与含水介质全盐量为 200～400mg/100g 干土的区域重叠。因此可以看出，铁锰氧化物表面吸附的砷化物的还原性溶解与含水介质含盐量具有明显的相关关系，含盐量高的沉积环境有利于砷化物的释放和富积。

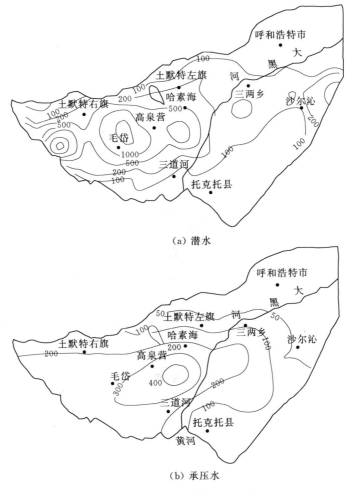

（a）潜水

（b）承压水

图 7-12　含水层岩土全盐量

由于本次调查没有对含水介质可溶盐的种类进行具体测试，因此是哪种盐类对砷化物的富集有直接作用尚需进一步研究。

三、高砷水形成的水文地球化学因素

特殊的古地理环境、地下水径流条件、氧化还原环境和水文地球化学条件等被认为是影响地下水中砷富集的重要因素。基于本次调查采集的 79 组潜水样和 56 组承压水样的监测结果，利用 SPSS19.0 软件分别分析潜水和承压水中砷化物和其他各监测指标的相关性。根据分析结果，影响本区高砷水形成的化学因素主要有 COD_{Mn} 浓度、Eh 值、Fe 和 Mn 的还原性溶解、pH 值及 HCO_3^- 浓度（表 7 - 4）。

表 7 - 4　　　　　　土默川平原相关监测指标与砷化物的相关性分析

项目	pH 值	Eh 值	COD_{Mn}	HCO_3^-	Fe	Mn
潜水 As	-0.01	-0.11	0.15	0.24*	-0.03	0.38**
承压水 As	0.29*	-0.34*	0.68**	0.37**	0.39**	-0.05

注　　* 表示在 0.05 水平（双侧）上显著相关；** 表示在 0.01 水平（双侧）上显著相关。

1. COD_{Mn} 的影响

土默川平原砷化物的来源与黄河沉积物中的铁锰氧化物有密切的关系。黄河水泥沙含量高，富含铁锰氧化物，黄河在漫长的流动途径上，由于铁锰氧化物的吸附或河水的溶滤，把上游的砷化物携带到呼和浩特盆地随着泥沙沉积下来，这可能是土默川平原地下水中砷化物的主要来源。由于封闭的构造条件和长期的地质沉降，从第四系以来土默川平原区沉积了富含有机质的、厚达上千米的砂土、粉土和黏土，这是该区地下水 COD_{Mn} 普遍较高的主要原因。土默川平原潜水高砷区主要分布于大黑河中游西部的土默特左旗、高泉营和三两乡之间的三角地带，浓度基本在 $50\mu g/L$。其中，哈素海及其周边区域浓度最高，达 $150\mu g/L$ 以上。这一区域也是第四系沉积物厚度最大（>1400m），含水层有机质含量最高、地下水还原性较强的区域。这为铁锰氧化物吸附的砷化物的还原性释出提供了良好的环境。

承压水总砷超标区主要分布在冲湖积平原的中南部，大黑河冲积平原和湖积台地接壤的地方，最高浓度达 $60\mu g/L$ 以上。相关性分析表明，潜水和承压水中总砷浓度与 COD_{Mn} 浓度的相关系数分别是 0.15 和 0.68，特别是承压水砷化物与 COD_{Mn} 呈现明显的正相关性。地下水中的 COD_{Mn} 质量浓度与氧化还原电位呈负相关关系，COD_{Mn} 质量浓度越高，氧化还原电位越低，越有利于砷化物的还原性释放。

2. 氧化还原电位（Eh 值）影响

相关性分析表明（表 7 - 4），潜水与承压水中砷化物与 Eh 值均呈负相关，相关系数分别为 -0.11 和 -0.34。从砷化物浓度和 Eh 值等值线空间分布的对比和相关性分析结果来看，土默川平原砷化物富集主要发生在地下水还原环境中，而第四系全新世沉积物中大量新鲜有机质的存在消耗溶解氧，是区域地下水还原环境形成的首要原因。同时，平原中部沉积物颗粒细小，渗透性差，地下水流动缓慢，水—岩相互作用充分，有利于沉积物中砷的释放。氧化还原环境决定着砷在地下水中赋存形态和迁移能力。在氧化环境中，地下水中砷化合物容易附着于腐殖质或铁锰氧化物或氢氧化物上，使其迁移性能大大降低；但在还原环境中，当 Eh 值低至一定程度时，铁锰氧化物还原性溶解，吸附在其上的砷也被解吸出来。

3. 铁和锰氧化物的还原性溶解

相关性分析表明（表7-4），潜水中砷化物与锰呈明显的正相关关系，相关系数为0.38；承压水中砷化物与铁呈明显的正相关关系，相关系数为0.39，因此与沉积物中铁、锰氧化物和氢氧化物等矿物相结合的砷可能是该区地下水中砷化物的主要来源。在水体强还原条件下，铁、锰氧化物和氢氧化物等矿物溶解生成亚铁离子和二价锰离子，吸附在其表面的砷酸根随即被释放进入地下水中，同时五价砷又被还原为吸附性更弱的三价砷从而解吸释放到地下水中。这一反应伴随着碳酸氢根、亚铁离子或二价锰离子的产生。以铁氢氧化物和二氧化锰还原性溶解为例，见式（7-9）～式（7-11）：

$$8FeOOH + CH_3COOH + 14H_2CO_3^- \longrightarrow 8Fe^{2+} + 16HCO_3^- + 12H_2O$$

$$(7-9)$$

$$H_2O + 4Fe(OH)_3 + 8H^+ \xrightarrow{微生物} CO_2(g) + 4Fe^{2+} + 11H_2O \qquad (7-10)$$

$$CH_2O + 4H^+ + 2MnO_2(s) \xrightarrow{微生物} 2Mn^{2+} + 3H_2O + CO_2 \qquad (7-11)$$

4. pH值及HCO_3^-影响

相关性分析表明（表7-4），该区承压水砷化物浓度与pH值呈现明显的正相关，相关系数为0.29。在pH值较高的情况下，胶体吸附力减弱，五价砷容易从氧化铁（氢氧化铁）表面解吸出来。此外，潜水和承压水中砷化物与HCO_3^-均呈正相关关系，相关系数分别为0.24和0.37，砷酸根（AsO_4^{3-}）与HCO_3^-具有相似的化学结构及解离常数，均可专性吸附在矿物表面［式（7-12）］，因此HCO_3^-与砷酸根在铁氧化物表面结合位点的竞争吸附也是砷解吸释放到地下水中的一个重要原因。

$$I - HAsO_3^- + HCO_3^- \longrightarrow I - HCO_3^- + HAsO_3^- （I为颗粒表面）\qquad (7-12)$$

综上，土默川平原高砷地下水的形成与黄河、大黑河的对上游砷化物的搬运作用，呼和浩特盆地的沉积特征（沉积物含盐量高）、含水介质富含有机质激发的还原环境、地下水径流缓慢及铁、锰氧化物和氢氧化物还原性溶解、HCO_3^-的竞争吸附有关。

第三节　小　结

土默川平原高氟高砷水的形成受含水介质的古沉积环境和地下水化学特征影响。新近系中新世以来蛮汉山多次玄武岩喷发为高氟水的形成提供了物质来源，地下水的弱碱性环境、高Na^+、低Ca^{2+}是高氟水形成的重要原因；地下水排泄区水位埋深浅，蒸发强烈使氟化物在这些地方进一步富集。受上述因素影响高氟水主要分布于东南部的湖积台地区域。土默川平原潜水的高砷分布区基本上位于大青山冲洪积扇扇缘以南，以哈素海为中心的现代黄河冲积、湖积平原区，最高浓度达 $200.3\mu g/L$；承压水高砷区主要分布于大黑河、什拉乌素河冲湖积平原与湖积台地接壤处，最高浓度达 $162.3\mu g/L$。高砷地下水的主要特征是 pH 值为介于 $7.8\sim8.2$ 的弱碱性水；地下水的氧化还原电位在 $-50mV$ 以下。富含有机质及可溶盐的还原性沉积环境为砷化物在本区富集提供了条件，同时受地下水径流条件及铁、锰氧化物和氢氧化物还原性溶解以及 HCO_3^- 的竞争吸附影响。

110

第八章 岩土中砷化物释出影响因素实验及模拟分析

第一节 淋 滤 实 验

一、实验目的

目前对砷化物在地下水中富集因素的研究主要集中在氧化还原条件（Eh值）、碱性环境、碳酸氢根竞争吸附、微生物活动等因素的影响分析。而地下水和岩土中的盐量变化对砷化物富集的研究没有受到重视，pH 值对砷化物富集影响的阈值也未明确。

因此，本书在区域水文地质调查的基础上，为了进一步揭示影响砷化物从岩土中释出的机制，特别是地下水中 TDS 和 pH 值变化对其释出的影响，设计了富含砷化物的土壤淋滤实验。该实验通过改变淋溶水（原液）中 TDS 浓度和 pH 值大小，监测滤液中砷化物的浓度变化，以分析这两个参数对岩土中砷化物释出的影响。

二、实验方法

1. 土壤样采集

根据区域地下水砷化物浓度分布，选取地下水砷化物浓度最高的区域采集用于淋滤实验的土壤样品。本次实验共在野外选取了四处土壤采样点（图 8-1），其中三处分布于哈素海西侧的地下水高砷区域，另外一处位于大青山山麓南侧的陶思浩乡的土壤高砷区。1、2 号采样点位于农田，3、4 号采样点位于荒地中（图 8-2）。

土壤样品的采集深度为 10～30cm（表 8-1）。同时使用环刀取原状土壤用以测试土壤容重。将环刀所取的土样称取湿重后放入烘箱烘干，之后称取干重，并利用式（8-1）计算土壤容重。

$$d = g/[V(1+W)] \tag{8-1}$$

式中：d 为土壤容重，g/cm³；g 为环刀内湿土重量，g；V 为环刀容积，cm³；W 为土壤含水率，g/kg。

将取回的土壤样品带回实验室于阴凉通风处自然风干。待彻底风干后，将

图 8-1　土壤样点布设图

图 8-2　1～4 号采样点及周边环境示意图

粒径较大的土块捏碎，挑出石子、残根等杂质，再将风干的土样置于牛皮纸上，将大块土样碾碎研磨。研磨后的土样通过孔径为 1mm 和 0.5mm 的筛子进行分选。

2. 淋溶过程

实验装置见图 8-3，在装置顶部与底部分别填充 2cm 与 7cm 砂砾石以达到缓冲与均匀布水的效果。每次按照每层 6cm 的厚度等质量装填土柱，土柱总高度为 48cm。

按照设计容重（1.17g/cm³）将四种土壤样品分别称取并均匀混合，利用式（8-2）计算出每层土（6cm）所需重量为 1237.5g，每种土重为 309.38g。

$$M = \rho_b V \qquad (8-2)$$

式中：M 为每层土所需填装土量，g；ρ_b 为土的干容重，g/cm³；V 为每层土柱的容积，cm³。

每层土柱之间进行打毛处理，以

图 8-3 实验装置图

防层间流失。在土柱的顶端、底端与砂砾石层的接触面铺设一层中速滤纸与 1mm 孔径的滤网。顶部用马氏瓶保持定水头，并与土柱底部连接，使底部水从侧面流出保证水头稳定，本次实验设计水头高差为 75cm。

实验装置组装完毕后，首先利用马氏瓶从底部缓慢注水将土柱中的空气排出，使土柱饱和。然后使用预先配置好的溶液对土柱进行淋溶。本次实验共设二组，每组三根柱子。第一组控制 pH 值，使其原液值分别为 4、8（使用 HCl 改变溶液 pH 值）和 12（使用 NaOH 改变溶液 pH 值）；第二组控制 TDS，使其原液浓度分别为 1000mg/L、1500mg/L、2000mg/L（使用 NaCl 改变溶液 TDS）。

淋溶开始后对实验装置底部流出的滤液进行连续监测，直至滤液浓度达到原液浓度的一半，即视为完全穿透土柱，这时开始取样并记录。

每组实验在原液穿透土柱后，再持续淋溶 10 天，取样频率为 1 个/天，每次取水样 300mL，同时对所取水样中的 pH 值、TDS、HCO_3^- 进行现场检测，其余的检测指标，如 Na^+、K^+、Ca^{2+}、Mg^{2+}、Cl^-、SO_4^{2-}、CO_3^{2-}、Cl^-、PO_4^{3-}、SiO_4^{4-}、总 As、总 Fe 等则送往呼和浩特市环境监测中心测定。

三、实验结果分析

1. pH 值对地下水中铁、砷浓度的影响

不同 pH 值环境下从土柱中释出的总砷浓度、总铁浓度及磷酸根的含量变化

见表 8-1。从表中可以看出，在水溶液 pH 值为 4 左右时，土柱中有砷化物和铁离子释出，滤液中最高浓度分别为 4.0×10^{-3} mg/L 和 14.6mg/L。铁离子浓度的增加与砷化物浓度的增加趋势呈明显的正相关性（图 8-4）。这可能是该区地层中的砷化物主要吸附于铁氧化物之上，酸性条件下随着铁氧化物的溶解，砷化物也进入到水溶液中。

表 8-1　不同 pH 值环境下淋滤液中的总砷、总铁及磷酸根浓度含量

样品名称	pH 值	铁/(mg/L)	砷/(mg/L)	磷酸根/(mg/L)
原液 pH4	4.02	0.03L	0.3×10^{-3}L	0.007L
滤液 pH4-1	6.87	0.03L	0.6×10^{-3}	0.007L
滤液 pH4-2	6.81	0.03L	0.6×10^{-3}	0.007L
滤液 pH4-3	6.34	0.03L	0.9×10^{-3}	0.007L
滤液 pH4-4	5.68	0.03L	1.1×10^{-3}	0.007L
滤液 pH4-5	5.12	0.63	1.2×10^{-3}	0.007L
滤液 pH4-6	4.83	0.57	1.1×10^{-3}	0.007L
滤液 pH4-7	4.05	9.71	1.9×10^{-3}	0.007L
滤液 pH4-8	4.03	10.21	2.0×10^{-3}	0.007L
滤液 pH4-9	4.04	11.43	2.4×10^{-3}	0.007L
滤液 pH4-10	4.01	14.6	4.0×10^{-3}	0.007L
原液 pH8	8.04	0.03L	0.3×10^{-3}L	0.007L
滤液 pH8-1	8.33	0.27	1.3×10^{-3}	0.007L
滤液 pH8-2	8.25	0.62	2.1×10^{-3}	0.007L
滤液 pH8-3	8.18	8.62	2.0×10^{-3}	0.007L
滤液 pH8-4	8.10	4.00	4.9×10^{-3}	0.007L
滤液 pH8-5	8.07	11.46	9.4×10^{-3}	0.007L
滤液 pH8-6	8.05	8.50	9.5×10^{-3}	0.007L
滤液 pH8-7	8.07	9.96	9.0×10^{-3}	0.007L
滤液 pH8-8	8.03	9.24	9.9×10^{-3}	0.007L
滤液 pH8-9	8.02	10.6	10.9×10^{-3}	0.007L
滤液 pH8-10	8.04	12.41	11.9×10^{-3}	0.007L
原液 pH12	11.98	0.03L	0.3×10^{-3}L	0.007L
滤液 pH12-1	9.98	0.03L	0.5×10^{-3}	0.007L
滤液 pH12-2	10.34	0.03L	0.6×10^{-3}	0.007L
滤液 pH12-3	10.50	0.03L	0.8×10^{-3}	0.007L
滤液 pH12-4	10.89	0.03L	0.9×10^{-3}	0.007L

样品名称	pH 值	铁/(mg/L)	砷/(mg/L)	磷酸根/(mg/L)
滤液 pH12 - 5	11.27	1.35	1.0×10^{-3}	0.007L
滤液 pH12 - 6	11.76	0.03L	0.9×10^{-3}	0.007L
滤液 pH12 - 7	11.83	1.64	1.4×10^{-3}	0.007L
滤液 pH12 - 8	11.79	0.78	1.0×10^{-3}	0.007L
滤液 pH12 - 9	11.87	1.62	0.9×10^{-3}	0.007L
滤液 pH12 - 10	11.98	0.03L	$0.3 \times 10^{-3}L$	0.007L

注 "L" 为未检出。

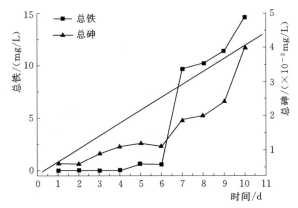

图 8-4 原液 pH 值为 4 时滤液中砷化物和总铁浓度关系

在 pH 值为 12 的强碱性环境中，土柱中砷化物和铁离子释出量非常低，最高浓度分别为 1.4×10^{-3} mg/L 和 1.64mg/L。铁离子浓度的增加与砷化物浓度的增加有一定的关系，但由于浓度较低相关性不是很明显（图 8-5）。这表明，在强碱性的地下水环境中不利于砷化物从岩土矿物中的释出及在水中的迁移。

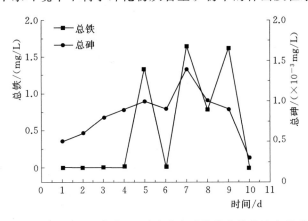

图 8-5 原液 pH 值为 12 时滤液中砷化物和总铁浓度关系

在 pH 值为 8.04～8.33 的弱碱性环境中，土柱中砷化物和铁离子释出量比 pH 值为 4 和 12 时明显增加，最高浓度分别为 11.9×10^{-3} mg/L 和 12.41 mg/L。铁离子浓度的增加与砷化物浓度的增加呈明显正相关关系（图 8-6）。这进一步验证了该区地下水中砷化物可能来自于铁氧化物吸附的砷化物。土默川平原的高砷区地下水的 pH 值普遍为 8.0～8.5，非常有利于岩土中砷化物的释放及迁移。

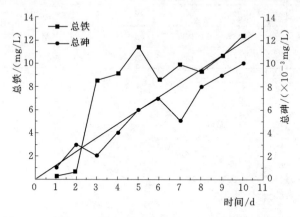

图 8-6　原液 pH 值为 8 时滤液中砷化物和总铁浓度关系

对比三种 pH 值条件下滤液中砷化物的浓度可以看出（图 8-7），pH 值为 4 和 12 时，滤液中砷化物浓度基本在 2×10^{-3} mg/L 以下，而 pH 值为 8 左右时，滤液中砷化物浓度基本维持在 10×10^{-3} mg/L 以上。这说明，地下水中过高和过低的 pH 值（指 pH 值为 4～12）均可抑制岩土中砷化物的释出。砷化物从岩土中释出量与 pH 值的这种关系可能与 pH 值对胶体吸附能力和无机碳在地下水中赋存形态的影响有关。在 pH 值较高的情况下，胶体吸附力减弱，五价砷容易从氧化铁（氢氧化铁）表面解吸出来。砷酸根（AsO_4^{3-}）与 HCO_3^- 具有相似的

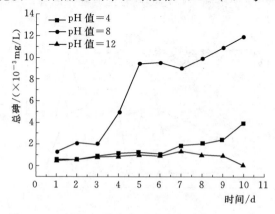

图 8-7　不同 pH 值条件下滤液中砷浓度变化曲线

化学结构及解离常数，均可专性吸附在矿物表面［式（8-3）］，因此 HCO_3^- 与砷酸根在铁锰氧化物表面结合位点的竞争吸附也是砷解吸释放到地下水中的一个重要原因。哈素海周围地下水位埋深浅，土壤中的 CO_2 容易补给到潜水中，促使硅铝酸盐的水解，使该区地下水中富含 HCO_3^-。在水溶液 pH 值为 8.34 时无机碳主要以碳酸氢根形态存在，随着 pH 值的降低或升高其浓度迅速降低。pH 值为 4 及更低时，水溶液中无机碳 98% 以上以 H_2CO_3 形态存在；pH 值为 12 或更高时，水溶液中无机碳 98% 以上以 CO_3^{2-} 形态存在，这两种形态均不利于砷化物的释出。pH 值为 8.0～8.5 时，地下水中无机碳主要以碳酸氢根的形态赋存，碳酸氢根与砷酸根在铁锰氧化物表面的竞争吸附是导致砷化物释出的主要原因［式（8-3）］。

$$I-HAsO_3^- + HCO_3^- \longrightarrow I-HCO_3^- + HAsO_3^- （I 为颗粒表面） \quad (8-3)$$

2. TDS 对地下水中铁、砷浓度的影响

不同 TDS 环境下，从土柱中释出的总砷浓度、总铁浓度及磷酸根的含量变化见表 8-2。从表中可以看出，三组实验中，随着淋滤过程的持续，滤液中的 TDS 浓度呈现逐渐升高的态势，且均高于配置的原液。这可能是实验过程中，在土壤采集、风干、土柱装填等过程的扰动，使介质中的部分可溶盐更容易溶入到滤液中。在淋滤的过程中，1 号土柱（TDS1000），TDS 从 954mg/L 逐渐升至 2328mg/L，土柱中有砷化物和铁离子释出，最高浓度分别为 4.8×10^{-3} mg/L 和 2.29mg/L。随着 TDS 浓度的升高，砷化物的浓度也呈明显增加的趋势，而铁离子的浓度呈下降趋势且在淋滤第七天后其浓度值趋于稳定（图 8-8）。这可能是由于原液呈弱碱性，铁锰氧化物被还原，形成了更活泼的 Fe^{2+}/Mn^{2+} 离子组合而融入水中，吸附在其表面的砷的化合物随之也进入水中。但是，在这种弱碱性环境中，地下水中的 Fe^{2+} 可能被重新吸附在残留铁锰氧化物矿物的表面，或者与水中的 CO_3^{2-} 等其他阴离子形成沉淀[231]。而砷在中性 pH 值条件下，难以通过吸附或共沉淀的方式固定到固体表面，进一步激化了地下水系统中砷的活化。

表 8-2　　不同 TDS 环境下滤液中的总砷、总铁及磷酸根浓度含量

样品名称	pH 值	TDS	总砷/(μg/L)	总铁/(mg/L)	磷酸根/(mg/L)
TDS1000 1#	8.13	954.3	0.4	1.03	0.007L
TDS1000 2#	8.27	1556.4	1.3	1.09	0.007L
TDS1000 3#	8.31	1842.7	1.2	2.2	0.007L
TDS1000 4#	8.32	1992.4	4.3	1.69	0.007L
TDS1000 5#	8.27	2028.3	4.8	1.01	0.007L
TDS1000 6#	8.37	2130.9	4.5	2.29	0.007L
TDS1000 7#	8.15	2202.0	3.8	0.12	0.007L
TDS1000 8#	8.38	2234.1	4.5	0.06	0.007L

续表

样品名称	pH 值	TDS	总砷/(μg/L)	总铁/(mg/L)	磷酸根/(mg/L)
TDS1000 9#	8.38	2277.0	4.2	0.09	0.007L
TDS1000 10#	8.48	2328.1	4.1	0.06	0.007L
TDS1500 1#	8.35	1529.0	2.1	0.59	0.007L
TDS1500 2#	8.29	2071.1	2.6	0.86	0.007L
TDS1500 3#	8.35	2134.0	3.4	0.2	0.007L
TDS1500 4#	8.32	2444.7	4.1	0.56	0.007L
TDS1500 5#	8.14	2565.0	4.7	0.29	0.007L
TDS1500 6#	8.23	2456.8	4.9	0.73	0.007L
TDS1500 7#	8.12	2706.0	4.1	0.1	0.007L
TDS1500 8#	8.31	2966.7	4.9	0.2	0.007L
TDS1500 9#	8.52	2857.8	3.9	0.1	0.007L
TDS150010#	8.25	2845.4	4.4	0.18	0.007L
TDS2000 1#	8.35	1908.5	2.5	0.22	0.007L
TDS2000 2#	8.26	2270.3	3.3	0.86	0.007L
TDS2000 3#	8.34	2407.8	3.8	0.85	0.007L
TDS2000 4#	8.26	2880.0	4.6	0.49	0.007L
TDS2000 5#	8.48	2999.7	4.9	0.27	0.007L
TDS2000 6#	8.59	3092.3	6.2	0.04	0.007L
TDS2000 7#	8.33	3379.2	8.3	0.07	0.007L
TDS2000 8#	8.57	3129.8	7.6	0.1	0.007L
TDS2000 9#	8.53	3394.4	9.1	0.12	0.007L
TDS2000 10#	8.47	3295.2	8.6	0.54	0.007L

注　"L"为未检出。

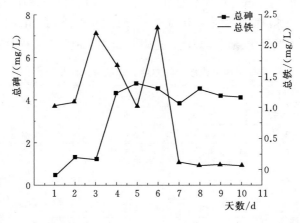

图 8-8　TDS 原液为 1000mg/L 时滤液中砷化物和总铁浓度关系

2号土柱（TDS1500）与3号土柱（TDS2000）均呈现出与1号土柱相似的变化特征（图8-9，图8-10）。2号土柱（TDS1500）在淋滤过程中TDS从1529mg/L逐渐升至2966mg/L，土柱中有砷化物和铁离子释出，铁离子与砷化物的最高浓度分别为0.86mg/L和4.9×10^{-3}mg/L。3号土柱（TDS2000）在淋滤过程中TDS从1908mg/L逐渐升至3394mg/L，土柱中砷化物的释出量明显增加，铁离子与砷化物的最高浓度分别为0.86mg/L和9.1×10^{-3}mg/L。无论在铁离子浓度下降或上升的过程中，总砷的浓度始终呈明显上升趋势，砷化物的浓度和铁离子的浓度无明显相关性（图8-10）。这意味着，地下水的TDS越高，越有利于砷化物从岩土矿物中释出或在地下水中的迁移。

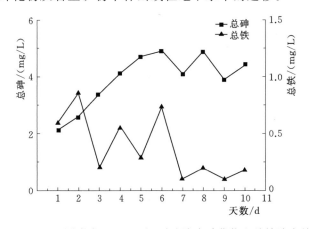

图8-9　TDS原液为1500mg/L时滤液中砷化物和总铁浓度关系

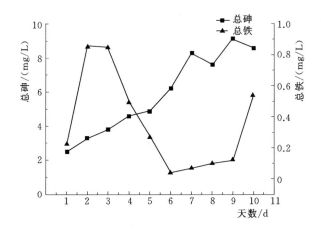

图8-10　TDS原液为2000mg/L时滤液中砷化物和总铁浓度关系

图8-11给出了不同TDS的浓度下，土柱中释出的总砷浓度变化趋势。从图中可以看出，三种条件下岩土中释出的总砷含量均呈上升趋势。其中，在淋

滤实验进行到第 6 天后，TDS 浓度介于 1000～3000mg/L 时的总砷含量为 3×10^{-3}～4×10^{-3} mg/L；TDS 浓度介于 2000～3500mg/L 时，滤液中砷化物浓度明显增加。综合分析三种实验条件下滤液中 TDS 和总砷的浓度关系发现，在 pH 值均为 8 左右的有利于砷化物从岩土中释出的条件下，滤液中 TDS 浓度为 2000～3000mg/L 时，岩土中砷化物的释出量没有明显变化，滤液中浓度基本维持在 4×10^{-3} mg/L；在滤液中 TDS 浓度大于 30000mg/L 时，岩土中砷化物的释出量呈现显著增加趋势，滤液中总砷浓度为 6×10^{-3}～10×10^{-3} mg/L，且随滤液中 TDS 浓度升高，岩土中砷化物释出量明显增加。这种变化规律表明，地下水中含盐量的高低与岩土中砷化物的释出具有明显的相关关系，即地下水中含盐量的升高有利于岩土中砷化物的释出。这一现象说明，土默川平原高砷地下水中可能存在明显的盐效应，即水中含盐量升高导致离子活度系数降低，特别是 TDS 大于 3000mg/L 时盐效应作用明显增强，矿物溶解度增大，进而促进了岩土中砷化物的释出。

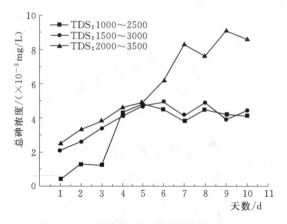

图 8-11　不同 TDS 的滤液中砷浓度含量

在该组实验中，三种条件下，滤液中均未检出磷酸根，说明该区砷化物的释出和富集与磷酸盐无明显关系。

第二节　饱和-非饱和带砷运移模拟

为了进一步研究包气带土壤中砷元素对地下水的长远影响，在现场调查与室内土柱淋滤实验的基础上，对哈素海西侧地下水富砷区的包气带与潜水含水层的砷化物的释出及迁移进行模拟。本书模拟使用由美国盐土实验室与农业部共同开发的用于模拟可变饱和度的土壤剖面二维水流及溶质运移过程的 Hydrus 软件。

一、概念模型

模拟区域位于大青山南侧，哈素海西侧。本模拟区域为一条南北向的二维剖面，地形北高南低，坡度较缓。包气带岩性以湖湘沉积的黏砂土为主，厚度由北向南由 3m 降至 2m 最后又增加至 3.5m。模拟剖面中部包气带岩性为双层结构，上部为砂黏土，下部有一层 1m 厚的砂性土（图 8-12）；包气带下部为潜水含水层，含水介质的岩性主要为砂性土，北侧水位埋深为 3m，向南逐渐增加至 3.5m。地下水总体上由北向南沿着模拟剖面流动。

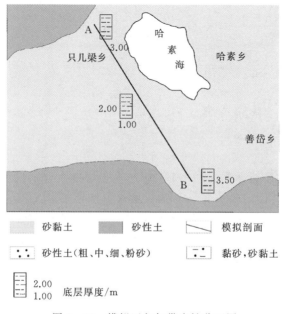

图 8-12 模拟区包气带岩性分区图

模拟区包气带主要接受大气降水补给，以向下排泄为主；潜水含水层主要接受北侧地下水补给，并通过南侧边界进行排泄，同时向下渗漏排泄。因此，将模拟区域的上下边界概化为定通量边界，左右边界概化为定水头边界，并在此基础上将模型概化为二维非均质饱和-非饱和结构（图 8-13）。

二、数学模型、求解方法及软件

1. 数学模型

根据模拟区的概念模型，将水流系统概化为二维非均质稳定流动系统，采用无滞后效应的 van Genuchten - Mualem 模型对水流进行模拟，数学公式如下：

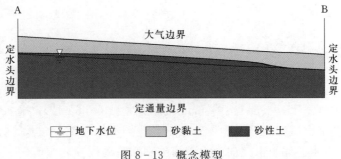

图 8 - 13　概念模型

$$
\begin{cases}
\dfrac{\partial \theta(h)}{\partial t} = \dfrac{\partial}{\partial x}\left[K_x(h)\dfrac{\partial \theta}{\partial x}\right] + \dfrac{\partial}{\partial z}\left[K_z(h)\dfrac{\partial \theta}{\partial z}\right] + \dfrac{\partial K(h)}{\partial z} \\[2mm]
\theta(h) = \begin{cases} \theta_x + \dfrac{\theta_s - \theta_r}{[1 - |\alpha h|^n]^m} & (h < 0) \\[2mm] \theta_s & (h > 0) \end{cases} \\[2mm]
K(h) = K_s S_e^l [1 - (1 - S_e^{1/m})^m]^2 \\[2mm]
S_e = \dfrac{\theta - \theta_r}{\theta_s - \theta_r}
\end{cases}
\tag{8-4}
$$

式中：θ_h 为土壤体积含水量，$[L^3/L^3]$；θ_r 为土壤残余含水量，$[L^3/L^3]$；θ_s 为土壤饱和含水量，$[L^3/L^3]$；$K(h)$ 为土壤水力传导率，$[L/T]$；S_e 为有效饱和度，无量纲；h 为压力水头，$[L]$（饱和带大于 0，非饱和带小于 0）；K_s 为饱和土壤水力传导率，$[L/T]$；α 为土壤持水参数，$[T^{-1}]$；m、n 为土壤持水指数，$m = 1 - 1/n$；l 为有效孔隙度。

模拟区的溶质运移数学模型为

$$
\begin{cases}
\dfrac{\partial \theta c_1}{\partial t} + \dfrac{\partial \rho s_1}{\partial t} = \dfrac{\partial}{\partial x_i}\left(\theta D_{ij,1}^w \dfrac{\partial c_1}{\partial x_j}\right) - \dfrac{\partial q_i c_1}{\partial x_i} - Sc_{r,1} - (\mu'_{w,1})\theta c_1 - (\mu'_{s,1})\rho s_1 \\[2mm]
(C\vec{u} - D \cdot \mathrm{grad}C) \cdot \vec{n}\,|_{B_3} = f_3(x, y, z)
\end{cases}
$$

$$
\tag{8-5}
$$

式中：θ 为土壤含水率，$[L^3/L^3]$；ρ 为土壤容重，$[M/L^3]$；q_i 为第 i 个流体通量，$[L/T]$；$\mu'_{w,1}$、$\mu'_{s,1}$ 分别为溶质在液体与固体中一阶衰减反应常数，$[L/T]$；C 为初始条件下的溶质浓度，$[M/M]$；$\mathrm{grad}C$ 为浓度梯度；D 为弥散系数张量；B_3 为研究区上的第三类边界条件；$\vec{u}$ 为孔隙平均流速；$\vec{n}$ 为边界上某点处的外法线方向上单位向量；$f_3(x, y, z)$ 为已知函数；c_1、s_1 分别为溶质在液相和固相中的浓度，$[M/L^3]$、$[M/M]$；t 为时间，$[T]$；$D_{ij,1}^w$ 为液体中的弥散系数，$[L]$；S 为源项；$c_{r,1}$ 为源项浓度，$[M/L^3]$。

2. 求解方法及软件

在明确研究区水文地质条件的基础上，本书选择了 Hydrus - 2D 软件作为求解饱和-非饱和带溶质运移数学模型的工具。

Hydrus 是由美国盐改中心研发的变饱和孔隙介质一维、二维、三维水流，热量和溶质运移模拟软件，其程序模块主要包括主程序模块、项目管理模块、几何图形模块、网格生成模块、边界条件设定模块、添加模块和图形生成模块。该程序具有较灵活的边界条件，可以处理各类水流边界，包括定水头边界和变水头边界、定流量边界、大气边界等。除此之外，Hydrus 还具有较高的计算效率和模拟精度，可以控制时间步长、收敛条件和输出格式。

Hydrus 模型模拟非饱和带多孔隙介质中的水分运动和溶质运移过程时一般将 Richards 方程作为水流控制方程，将基于 Fick 定律的对流—弥散方程作为溶质运移的控制方程。在对模拟区域进行不规则三角网格剖分后，采用迭代法将非线性控制方程组线性化，并利用 Galerkin 线性有限单元进行求解。Galerkin 有限单元法是解决变饱和带土壤水分运动和溶质运移的最有效手段，能够对具有任意不规则边界的饱和-非饱和多孔介质渗流区域进行模拟，多孔介质既可以是均质的，也可以是高度非均质的；借助于土壤水分、土壤溶质运移的稳态或非稳态水流数据，模型 Inverse Solution 模块中的 Marquardt - levenberg 参数优化算法可以反求土壤水分、土壤溶质运移、反应动力学参数等。模型针对饱和土壤的水力特性采用了与实测数据拟合较好的 Van Genuchten 模型进行刻画，并在此基础上对溶质运移进行求解。

三、数值模型

1. 空间与时间离散

在概念模型的基础上，根据 Hydrus 系统内置的 Galerkin 有限元法对模型进行空间离散，同时利用隐式差分法对模型进行时间离散。空间上将模型剖分成 1883 个节点与 3764 个单元格，节点间距为 50cm，同时对模型的纵向刻度进行了拉伸处理以便观察砷的垂向变化，拉伸因子为 20，具体结果如图 8-14 所示。模拟的时间步长为 0.0001d，最小时间步长为 0.00001d，模拟时长为 50 年。

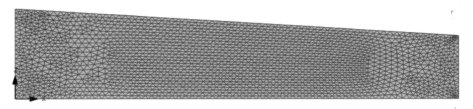

图 8-14　模型空间离散结果

2. 初始条件

按照模拟区包气带剖面所呈现的岩性分布的厚度情况，模型的参数分区结果与监测点位的设置如图 8-15 与图 8-16 所示。

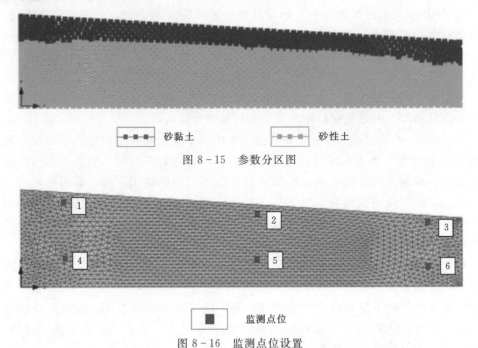

砂黏土　　　　　　砂性土

图 8-15　参数分区图

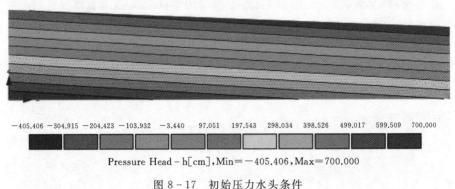

监测点位

图 8-16　监测点位设置

本书模拟的水分运移初始条件按照初始压力水头给定，根据模拟区地下水水位情况，将左侧初始压力水头从下至上设定为 3~7m，右侧初始压力水头从下至上设定为 3.0~3.5m，梯度为 -0.2m，具体情况如图 8-17 所示。

-405.406　-304.915　-204.423　-103.932　-3.440　97.051　197.543　298.034　398.526　499.017　599.509　700.000

Pressure Head -h[cm], Min=-405.406, Max=700.000

图 8-17　初始压力水头条件

3. 边界条件

（1）侧向边界。为模拟地下水对砷运移的影响，本模拟区域分为饱和带与非饱和带，将左右两侧边界概化为定水头梯度边界，左侧水头为 7m，右侧为 3.5m，均呈线性均衡分布。

（2）垂向边界。模型顶部为土壤表面，接受大气降水入渗垂向补给，概化为大气边界，降水量按照研究区年均降水量 408mm 进行设定，即 0.0011m/d。

模型底部向下持续渗漏，因此设定为定通量边界，设定通量为 −0.0011m/d。整体设定结果见图 8−18。

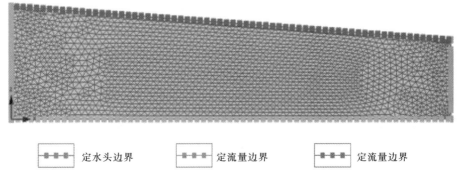

定水头边界　　　定流量边界　　　定流量边界

图 8−18　模型水流边界条件

本模拟主要针对表层土壤中的砷运移情况，因此将模型顶部边界设定为第三类边界，边界浓度按照对采集土样中砷浓度的检测结果（0.05mg/kg）进行设定。具体结果如图 8−19 所示。

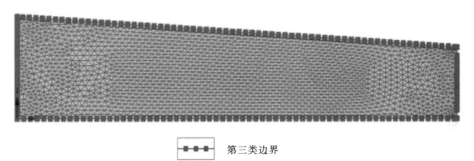

第三类边界

图 8−19　模型溶质边界条件

4. 参数选取

模型计算所需的水分运动参数主要包括：土壤残余含水率（θ_r）、土壤饱和含水率（θ_s）、进气值倒数（α）、孔径分布指数（n）、渗透系数（K_s）与土壤介质孔隙连通性能参数（l）。利用张力计法对模拟区域分层所取土样进行土壤水分曲线的拟合，从而获得模拟区域各层土壤的 θ_r、θ_s、α、n。同时利用渗水试验对模拟区各层土壤的 K_s 进行测量（表 8−3）。

模型计算所需的溶质运移参数主要包括分配系数（K_d）、纵向弥散系数（D_L）、横向弥散系数（D_T）、土壤容重（BD）以及一阶反应速率常数（Sink）。

其中，利用烘干法对研究区实地所取得土样进行容重的测定，土壤的弥散系数

表 8 - 3 水 力 参 数

类型	θ_r /(cm³/cm³)	θ_s /(cm³/cm³)	α	n	K_s /(cm/d)	l
砂黏土	0.1	0.38	0.027	1.23	2.88	0.5
砂性土	0.076	0.464	0.04	2.3	100	0.5

由于尺度效应在小范围的实验测试意义不大，因此根据非饱和带土壤的导水率进行推求，横向弥散度按照纵向弥散度的 1/10～1/3 进行取值。同时利用土柱动态吸附法对土壤的分配系数进行测定。一阶衰减系数通过 Hydrus 软件内置反演程序进行计算，参数选取见表 8 - 4。

表 8 - 4 溶 质 运 移 参 数 选 取

类型	K_d /(cm³/mg)	D_L /cm	D_T /cm	BD /(g/cm³)	Sink /(l/d)
砂黏土	2	1	0.5	1.5	0.001
砂性土	0.345	2	1	1.2	0.001

5. 参数敏感性分析

（1）模型网格剖分尺度敏感性分析。在模拟区域模型构建完成的基础上，通过改变网格的大小，来改变模型空间离散的精细程度，从而分析网格剖分的精细程度对模型模拟结果的敏感程度。

本书将模型中 50cm 的节点间距分别扩大至 60cm 与缩小至 40cm（表 8 - 5），并通过相同位置观测点的砷浓度随时间变化的整体趋势来分析模型中网格剖分的敏感性。

表 8 - 5 网 格 剖 分 具 体 情 况

节点间距/cm	节点个数	网格数量
40	2565	4918
50	1883	3764
60	1147	2813

按照表 8 - 5 中的剖分方法对模型剖分后重新运行，并选取构建模型时所设置的 2 号与 5 号观测点对不同剖分情况下模型的浓度变化进行分析（图 8 - 20 和图 8 - 21）。

从图 8 - 20 中可以看出，随着节点间距的变化，包气带中 2 号监测点位的砷浓度的变化趋势基本一致，仅在模型运行 15 年后出现了一定的差异，说明网格剖分的精细程度对模型在包气带的运行状况基本没有影响，敏感性较弱。

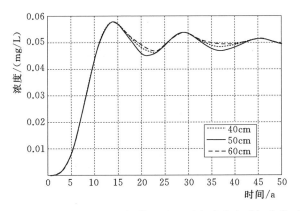

图 8-20　不同节点间距下包气带 2 号监测点砷浓度时间变化对比图

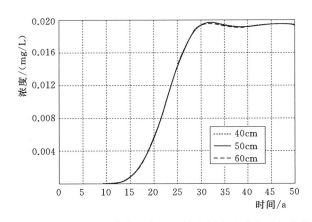

图 8-21　不同节点间距下潜水含水层 5 号监测点砷浓度时间变化对比图

通过位于潜水含水层的 5 号监测点的砷浓度变化（图 8-21）可以看出，三种节点间距设置方案下砷浓度的变化趋势基本一致，仅在模型运行 30 年后产生了一定的差异，说明网格剖分的改变并未对潜水含水层中模型的运行产生明显的影响，敏感性较弱。

综上所述，网格剖分的精细程度对模型整体运行结果的影响很小，敏感性较弱。

（2）主要参数敏感性分析。模型的主要参数包括土壤残余含水率（θ_r）、土壤饱和含水率（θ_s）、进气值倒数（a）、孔径分布指数（n）、渗透系数（K_s）与土壤介质孔隙连通性能参数（l）、分配系数（K_d）、纵向弥散系数（D_L）、横向弥散系数（D_T）、土壤容重（BD）以及一阶反应速率常数（Sink）。结合模型敏感性分析的相关文献与研究成果，选定 n、θ_r、θ_s 以及 D_L 四个参数进行敏感性分析。将根据野外调查、实验或经验选取的模拟参数值作为标准值，对其分别

127

放大、缩小 20％，并采用单因素扰动分析法对各参数的敏感性进行确认（表 8-6）。

参　数	砂　黏　土		砂　性　土	
变化幅度/％	−20	20	−20	20
θ_s/(cm³/cm³)	0.304	0.456	0.3712	0.5568
θ_r/(cm³/cm³)	0.08	0.0608	0.12	0.0912
n	1.1	1.476	1.84	2.76
D_L/cm	0.8	1.6	1.2	2.4

表 8-6　　　　　　　　　　参　数　扰　动　设　置

图 8-22、图 8-23 分别是包气带中的 2 号监测点与潜水含水层中的 5 号监测点，在参数变化情况下，计算的砷浓度变化特征曲线。

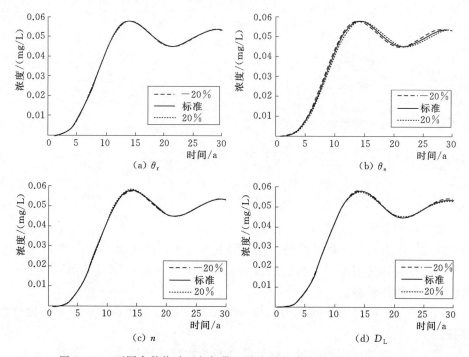

图 8-22　不同参数扰动下包气带 2 号监测点砷浓度时间变化对比图

结合图 8-22 和图 8-23 可以看出，所选的四个参数中，土壤饱和含水率（θ_s）的变化对模型中砷运移的扰动最大，说明土壤饱和含水率（θ_s）在模型中的敏感性最强；其次为孔径分布指数（n），而土壤残余含水率（θ_r）与纵向弥散系数（D_L）的变化对模型计算结果基本没有影响。

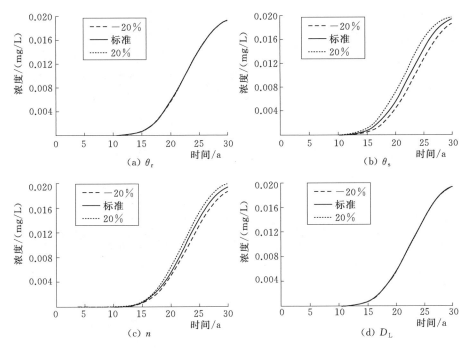

图 8-23   不同参数扰动下含水层 5 号监测孔砷浓度时间变化对比图

根据对各参数敏感性的分析，选取土壤饱和含水率（θ_s）与孔径分布指数（n）进行详细的测量定值，从而保证模型的精确程度，使模型能够反映模拟区域砷运移的时空变化规律。

在参数选取的过程中，沿模型剖面共设 10 个取样点，每个取样点沿垂向分 5 层取土样。对所取土样利用张力计法测定在不同含水率情况下对应的土壤水基膜势，通过参数拟合后获得土壤水分特征曲线，从而达到对土壤饱和含水率（θ_s）与孔径分布指数（n）进行精确测量的目的。因此对土壤饱和含水率（θ_s）与孔径分布指数（n）的选取结果与实际符合程度较高，说明模型精确程度较高，能够用于反映模拟区域砷运移的时空变化规律。

四、结果与讨论

1. 模拟区砷浓度时空分布特征

利用模型对研究区包气带土壤中的砷的二维运移进行模拟，图 8-24～图 8-28 为土壤中表层的砷随着降水向下运移 10 年、20 年、30 年、40 年与 50 年的结果。

从图中可以看出，模型运行 10 年后，剖面中砷浓度最高为 0.050mg/cm³，高浓度的范围停留于土壤表层。整体影响范围（浓度＞0.005mg/cm³）包括地

-0.010 -0.003 0.005 0.010 0.015 0.020 0.025 0.030 0.035 0.040 0.045 0.050

图 8-24 10 年时剖面砷浓度等值线图（单位：mg/cm³）

0.000 0.006 0.012 0.018 0.024 0.030 0.036 0.042 0.048 0.054 0.060 0.066

Concentration -c[mg/cm³], min=0.000, max=0.066

图 8-25 20 年时剖面砷浓度等值线图

0.000 0.006 0.012 0.018 0.025 0.031 0.037 0.043 0.049 0.055 0.061 0.068

Concentration -c[mg/cm³], min=0.000, max=0.068

图 8-26 30 年时剖面砷浓度等值线图

-0.001 0.006 0.013 0.020 0.026 0.033 0.040 0.046 0.053 0.060 0.066 0.073

Concentration -c[mg/cm³], min=0.001, max=0.073

图 8-27 40 年时剖面砷浓度等值线图

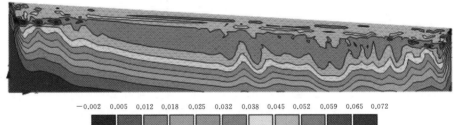

Concentration $-c[\text{mg/cm}^3]$, min=0.002, max=0.072

图 8-28 50 年时剖面砷浓度等值线图

表至地表以下 80~120cm 处。说明由于地表砂黏土的吸附性较强，将砷富集在包气带的表层区域，暂时没有对潜水含水层产生影响。

在土壤表层的砷向下运移 20 年后，模型剖面中砷浓度的峰值升高至 0.066mg/cm³。高浓度区域开始由土壤表层向下运动，在 10 年的时间内降至地表以下 40cm 处，土壤表层浓度降至 0.045mg/cm³。同时整体影响范围（浓度＞0.005mg/cm³）不断扩大，地表以下 130~240cm 的范围内均受到了地表砷运移的影响。说明土壤中的砷随着降水不断向下扩散，但仍未到达饱水带，表层的砷浓度由于降水的稀释作用有所降低。

土壤表层的砷随着降水向下运移 30 年后，土壤中砷浓度的最高值进一步上升至 0.068mg/cm³，高浓度区域进一步向下运动，降至土壤表层以下 100cm 的深度。整体影响范围（浓度＞0.005mg/cm³）扩散至地表以下 150~500cm 处。说明土壤中的砷最终扩散至含水层，而且由于潜水含水层的砂性土渗透性较好，吸附性较差，0.005~0.020mg/cm³ 的等值线范围明显扩大。由于稀释作用，含水层中的砷浓度均未超过 0.020mg/cm³。

水平方向上砷整体影响范围（浓度＞0.005mg/cm³）呈现出两端小中间大的趋势，等值线深度从 150cm 增加到 500cm 之后又降至 250cm。引起这一现象的原因可能是由于包气带由北向南厚度先降低后增大，南北两侧土壤中的砷仍富集于包气带中，较低的含水率与较差的渗透性最终导致 0.005mg/cm³ 的浓度等值线范围产生了横向上的差异。

模型运行 40 年以后，土壤中砷浓度最高值升至 0.072mg/cm³，最高值范围继续向下移动至地表浓度以下 160cm 处，土壤表面的浓度稳定在 0.046mg/cm³。整体影响范围继续扩大至地表以下 420~720cm 的深度，北侧土壤中的砷最终穿透包气带，进入含水层，含水层中的砷浓度为 0.006~0.026mg/cm³。

模型运行 50 年后，土壤中的砷浓度峰值最终稳定在 0.072mg/cm³，峰值范围也稳定在地表以下 160cm 处，土壤表面的砷浓度仍然保持在 $0.046mg/cm^3$。整体影响范围（浓度＞$0.005mg/cm^3$）最终到达模型底部，地下水中的砷浓度最终稳定在 $0.005\sim0.025mg/cm^3$。

总体上来看，随着深度的增加，砷的整体迁移能力逐渐减弱，大部分的砷富集在包气带的砂黏土之中。模型运行 30 年以后，土壤中的砷穿透包气带，开始对浅层地下水产生影响，直至模拟结束，地下水中的砷浓度平均值逐渐保持在 $0.015mg/cm^3$。在土壤表层的砷向下运移 40 年后，模型中砷的最高浓度稳定在 $0.072mg/cm^3$，处于浓度峰值的区域最终也稳定在了地表以下 160cm 处的砂黏土之中。

在模型的整个运行时期内，尤其是土壤中的砷穿透包气带进入潜水含水层后，砷浓度范围整体呈现出由北向南先扩大再缩小的趋势。说明含水率及吸附分配系数的变化对砷的析出影响较大，南北两侧包气带岩性以砂黏土为主，中部则为砂黏土与砂性土的互层结构，砂性土的饱和含水率与渗透系数均高于砂黏土，这导致随着降水向下运移的砷能够更好地穿透模型中部的包气带，向潜水含水层进一步扩散。

2. 模拟区砷浓度动态变化

利用在模型中预设在包气带与潜水含水层的监测点，观察不同层位砷浓度随时间的变化特征（图 8－29 和图 8－30）。

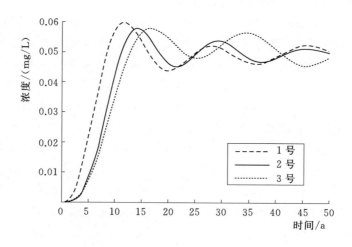

图 8－29　包气带监测点砷浓度变化图

根据包气带的监测点的砷浓度变化结果，可以看出，在 0～15 年的时间内包气带中的砷浓度持续上升，最高达到了 0.06mg/L。之后在 15～25 年的时间内略有下降，降幅约为 0.015mg/L。模型运行 30 年后，包气带中的砷浓度趋于

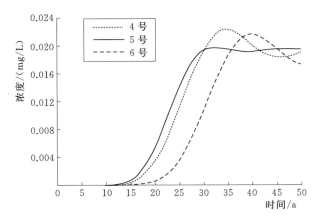

图 8 - 30 潜水含水层监测点砷浓度变化图

稳定，最终稳定在 0.05mg/L。对比图 8 - 29 中三个监测点的砷浓度变化曲线可以看出，3 号检测点的砷浓度最先达到峰值，其次是 2 号检测点；1 号监测点的砷浓度到达峰值的速度最慢。说明在岩性均为砂黏土的情况下，土壤含水率的变化最终对砷的富集与析出产生影响。

根据潜水含水层的监测点的砷浓度变化曲线（图 8 - 30）可以看出，在 0～15 年的时间内土壤表层的砷并未穿透包气带。直至模型运行 15 年后，含水层的砷浓度开始产生变化，证明此时包气带中的砷进入了潜水含水层，并在之后 20 年的时间内不断上升，最高达到了 0.025mg/L。之后随着砷不断向下运移，监测点的砷浓度开始下降，最终在模型运行 40 年趋于稳定，砷浓度最终稳定在 0.018mg/L。对比三个监测点的砷浓度变化曲线可以看出，5 号检测点的砷浓度最先达到峰值，其次是 6 号检测点，4 号监测点的砷浓度到达峰值的速度最慢。说明在土壤岩性与含水率相同的情况下，饱水带水位的变化对砷的富集与扩散产生影响。

第三节　小　　结

本章利用土柱淋溶实验与饱和—非饱和带数值模型，分析了影响土默川平原土壤中砷化物释出的因素及其在饱和—非饱和带的迁移规律。

通过淋滤实验结合野外调查发现，pH 值为 8.0～8.5 的弱碱性环境最有利于砷化物的释出，过高或过低的 pH 值（指 4～12）均对砷化物的释出有抑制作用。随着土壤和地下水中盐含量（TDS）升高，特别是地下水中 TDS 浓度大于 3000mg/L 以上时，地下水中盐效应作用明显增强，非常有利于促进砷化物从岩土中的释出。

通过对研究区砷运移的数值模拟可以看出，包气带的砂黏土对砷化物有良好的富集作用，在表层土壤中的砷向下持续运移 15 年后才能进入潜水含水层，使含水层中砷的浓度最终稳定在 0.18mg/L。影响包气带中砷的扩散与富集的主要因素为含水率与土壤吸附分配系数的变化，较高的含水率与较低的吸附分配系数更有利于土壤中砷化物的释出及运移。

第九章 土默川平原地下水氮素迁移转化分析

第一节 研究区地下水氮素特征水质分析

研究区潜水中氮素主要是以 NO_3-N 和 NH_4-N 为主。在所采的 79 个潜水样品中，NH_4-N 的最大值为 26.25mg/L，均值为 1.53mg/L；NO_3-N 的最大值为 238mg/L，均值为 19.92mg/L（表 9-1）。

表 9-1　　　　　研究区潜水 NO_3-N 和 NH_4-N 含量表　　　　单位：mg/L

编号	NO_3-N	NH_4-N	编号	NO_3-N	NH_4-N
U1	227.00	0.11	U21	0.44	3.58
U2	9.97	0.09	U22	0.16	14.02
U3	30.70	0.11	U23	238.00	0.13
U4	3.97	0.03	U24	39.70	0.11
U5	7.33	0.34	U25	10.60	0.10
U6	0.19	0.98	U26	0.13	1.98
U7	0.86	0.07	U27	0.46	0.14
U8	17.80	0.03	U28	57.60	0.18
U9	9.93	0.10	U29	0.32	0.22
U10	0.36	5.68	U30	14.10	0.11
U11	1.22	16.63	U31	9.10	0.12
U12	0.73	5.51	U32	0.76	0.08
U13	66.20	0.08	U33	32.10	0.10
U14	4.82	0.09	U34	38.10	0.13
U15	0.04	1.98	U35	2.68	0.19
U16	0.56	26.25	U36	15.97	0.12
U17	88.70	0.10	U37	0.10	0.12
U18	39.90	0.05	U38	8.06	0.70
U19	2.57	0.96	U39	3.05	0.58
U20	0.10	2.64	U40	4.54	0.32

编号	NO_3-N	NH_4-N	编号	NO_3-N	NH_4-N
U41	14.80	0.58	U61	0.60	1.93
U42	26.16	1.28	U62	4.11	1.59
U43	19.95	0.13	U63	103.13	0.27
U44	36.99	0.49	U64	15.52	1.00
U45	8.09	0.24	U65	44.09	0.19
U46	3.34	1.22	U66	2.88	0.19
U47	0.96	0.21	U67	16.44	0.11
U48	24.40	0.81	U68	4.67	0.33
U49	19.63	1.62	U69	10.23	0.25
U50	2.76	0.45	U70	18.43	1.54
U51	0.10	0.45	U71	16.44	1.12
U52	0.71	0.29	U72	0.44	1.87
U53	15.75	0.11	U73	2.09	1.78
U54	22.45	0.13	U74	3.43	1.69
U55	47.08	0.18	U75	2.98	0.43
U56	45.90	0.21	U76	18.37	0.22
U57	12.60	1.47	U77	2.07	1.75
U58	3.35	2.83	U78	6.53	1.06
U59	2.15	1.95	U79	4.76	1.02
U60	0.14	3.41			

依据《地下水质量标准》(GB/T 14848—1993)，研究区中 NH_4-N 浓度超过饮用水标准上限（>0.2mg/L）的为 48 个，占总数的 60.8%；NO_3-N 浓度超过饮用水标准上限（>20mg/L）的为 14 个，占总数的 22.8%。由统计结果可看出，研究区内潜水 NH_4-N 污染发生样点较多。

研究区承压水中氮素主要是以 NO_3-N 为主，而 NH_4-N 含量相对较低。在所采的 56 个承压水样品中，NH_4-N 的最大值为 14.91mg/L，均值为 1.46mg/L；NO_3-N 的最大值为 75.36mg/L，均值为 10.15mg/L（表 9-2）。

依据《地下水质量标准》(GB/T 14848—1993)，研究区承压水中 NH_4-N 浓度超过饮用水标准上限（>0.2mg/L）的为 23 个，占总数的 41.1%；NO_3-N 浓度超过饮用水标准上限（>20mg/L）的为 9 个，占总数的 16.1%。由统计结果可看出，研究区内承压水和潜水一样，NH_4-N 污染发生样点相对较多，范围较大。

表 9 - 2　　　　　　　　　研究区承压水氮素含量表　　　　单位：mg/L

样品编号	$NO_3 - N$	$NH_4 - N$	样品编号	$NO_3 - N$	$NH_4 - N$
C1	18.30	0.13	C29	14.10	0.11
C2	12.20	0.11	C30	0.09	3.88
C3	9.85	0.11	C31	0.19	2.49
C4	13.80	0.07	C32	0.11	9.56
C5	0.19	0.99	C33	34.72	0.07
C6	0.11	0.71	C34	11.44	0.11
C7	6.16	0.08	C35	11.04	0.11
C8	6.39	0.05	C36	0.23	0.09
C9	2.98	0.28	C37	2.58	0.27
C10	0.10	1.77	C38	11.37	0.11
C11	0.14	8.82	C39	10.27	0.46
C12	9.96	0.14	C40	10.70	0.07
C13	2.96	0.10	C41	10.92	0.06
C14	10.90	0.02	C42	20.47	1.95
C15	0.10	12.92	C43	21.75	0.14
C16	0.87	0.06	C44	44.32	0.08
C17	0.13	4.93	C45	54.83	0.11
C18	0.33	0.55	C46	0.52	0.08
C19	0.10	0.23	C47	3.18	1.08
C20	0.14	14.91	C48	30.85	0.05
C21	7.21	0.12	C49	30.81	0.07
C22	10.30	0.11	C50	1.88	0.06
C23	1.09	0.10	C51	1.03	0.13
C24	0.28	0.13	C52	75.36	1.61
C25	0.17	5.53	C53	0.86	1.60
C26	8.73	0.13	C54	2.34	3.28
C27	7.91	0.16	C55	0.50	0.77
C28	28.80	0.12	C56	1.99	0.22

第二节　研究区地下水硝态氮和铵氮空间分布特征

一、硝态氮

为了对研究区内的氮化物分布有更为直观的认识，利用 Kriging 插值方法以及区域内的原始数据和变异函数的结构特点，对未采样的区域内变量进行线性无偏最优估计，从而得到整个研究区的硝态氮和铵氮浓度空间分布特征图。

硝酸盐是在有氧环境中最稳定的含氮化合物，也是含氮有机化合物经无机化作用最终阶段的分解产物。一般情况下，清洁的水体中硝酸盐氮含量较低。

　　研究区潜水中硝态氮主要分布在北部的大青山山前和东南部的蛮汉山山前倾斜平原及湖积台地一带，浓度多在 20mg/L 以上；研究区中部的冲湖积平原地带仅高泉营的东部及三两乡东南部的小部分区域硝态氮浓度达到 20mg/L 以上，其他区域均小于 20mg/L［图 9-1（a）］。大青山和蛮汉山山前倾斜平原区地下水径流条件较好，一般处于氧化环境，地下水中的 NO_3^- 可能主要来源于工业废水、农业生产及动物和植物起源的各种含蛋白质的复杂有机物氧化分解。大青山山前倾斜平原一带人类工农业活动较为频繁，城镇集中分布区，工业生产的废水、生活污水及生活垃圾产生较多，成为地下水中氮化物的主要来源。托克托县以东，黑成一带分布大大小小的豆腐加工作坊几百家。豆腐加工过程

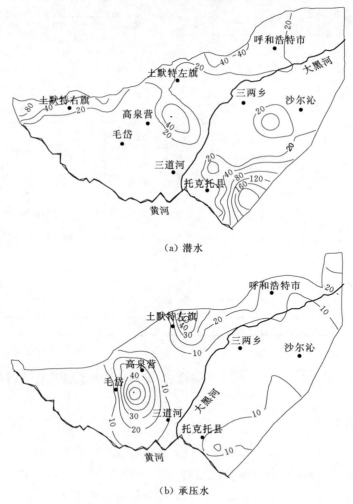

（a）潜水

（b）承压水

图 9-1　土默川平原潜水和承压水中 NO_3-N 浓度分布特征图（单位：mg/L）

中产生的废水总氮含量一般为 $250\sim400mg/L$，COD 含量为 $8000\sim20000mg/L$[232]，这些豆腐作坊均没有污水处理设施，不经处理的废水废渣随意排放，已成为黑城地区地下水氮的重要污染源。而位于三两乡东南及高泉营东部的小部分地区硝态氮超标，可能与当农业生产和畜牧业养殖有关。

承压水中的硝态氮主要分布在高泉营—毛岱—三道河为界所圈围的中心地带以及土默特左旗以东大青山山前倾斜平原一带，浓度最高达到 $40mg/L$ 以上；其余绝大部分地区均处于 $10mg/L$ 以下［图 9-1（b）］。由于山前倾斜平原带潜水和承压水联系密切，承压水很容易受到潜水水质的影响，因此两者表现出一定的相关性。

相关性分析表明，潜水和承压水中硝态氮浓度均与 pH 值和 COD 呈负相关与 Eh 值呈正相关（表 9-3）。有研究表明，硝化菌对 pH 值变化十分敏感，硝化反应的最佳 pH 值范围为 $7.0\sim8.0$，超出这个范围硝化菌活性就会大大减弱[233-235]。样品分析结果表明，潜水 56 个样品中有 17 个 pH 值大于 8.0，占样品总数的 30%；承压水 79 个样品中 pH 值有 19 个大于 8.0，占样品总数的 24%，这些样品基本上位于大黑河冲积平原中部。研究区潜水、承压水硝态氮高浓度（$>20mg/L$）分布区基本上处于 pH 值大于 8 的区域。对比图 5-10 和图 9-1 可以看出，潜水硝态氮大于 $20mg/L$ 的区域主要集中在托克托县以东的湖积台和蛮汉山山前倾斜平原地区域，这个区域的 pH 值基本在 $8.0\sim8.2$；承压水硝态氮大于 $20mg/L$ 的区域主要集中在高泉营—三道河之间，这个区域的 pH 值也大于 8.0。COD 可以反映地下水中还原性物质的含量，COD 浓度高的区域地下水中氧化性物质（如溶解氧）被大量地消耗，因此地下水一般处于还原环境，Eh 值较低。在有机质高的还原环境中，当溶解氧被消耗后，硝酸根作为氧化剂在微生物的作用下参与有机物的分解而本身被还原，因此地下水中硝态氮浓度一般 COD 呈负相关与 Eh 值呈正相关。潜水和承压水 COD 大于 $3mg/L$ 的区域主要分布于大黑河下游沿岸的三两乡—三道河一带，而这里也是硝态氮浓度最低的地方。潜水硝态氮浓度与钾离子，镁离子和硫酸根离子的浓度均呈现正相关，相关系数分别为 0.712、0.540 和 0.402。这主要是东部蛮汉山岩层富含钾、镁和硫酸盐矿物，在溶滤作用下这些离子随地下水进入台地，受断层阻水和蒸发作用影响而导致富集，同时这一区域又是硝酸根离子浓度最高的区域，因此表现为明显正相关。

表 9-3　　　　　　　　　　硝态氮与相关元素相关系表

类型	pH 值	Eh 值	COD	TDS	K^+	Mg^{2+}	SO_4^{2-}
潜水	−0.130	0.246*	−0.196	0.296**	0.712**	0.540**	0.402**
承压水	−0.283*	0.342**	−0.204	−0.065	0.032	0.071	0.141

注　**表示在 0.01 水平（双侧）上显著相关。*表示在 0.05 水平（双侧）上显著相关。

二、铵态氮

氨根离子又称为离子氨，对水生生物无毒。氨（NH_3）又称为非离子氨，脂溶性，对水生生物有毒。水中的游离氨（NH_3）和铵根离子（NH_4^+）总和称为氨氮。水体中存在过量的氨氮易使藻类大量繁殖、富集，引起水体发臭，水中的溶解氧被大量消耗，会造成水生生物的大量死亡。氨氮含量较高时，对人体也会造成不同程度的危害。

研究区潜水中的氨氮主要分布在中部的大黑河流域沿岸及其西南地带，浓度基本达到 0.2mg/L 以上，超标范围几乎覆盖了整个研究区中部的冲湖积平原地带，最高浓度在 20mg/L 以上 [图 9 - 2 (a)]。研究区东南和东北部处于地下水的补给区，水力梯度大，地下水流动速度较快，更新速度较快，溶解氧能够

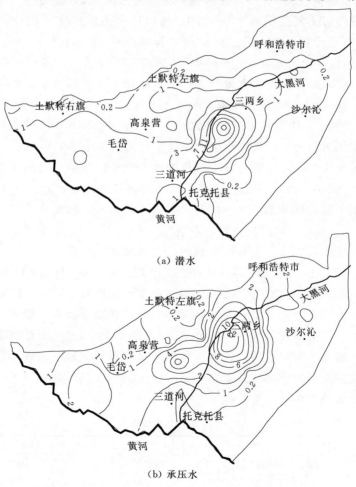

（a）潜水

（b）承压水

图 9 - 2 土默川平原潜水和承压水中 NH_4^+ - N 浓度分布特征图（单位：mg/L）

得到及时的补充，地下水处于氧化环境。在有较丰富的溶解氧的地下水中，NH_4^+ 能够被氧化为 NO_3^- 或 N_2，使 NH_4^+ 的含量降低。大黑河两岸为区域地下水的滞留排泄区，含水层渗透性差，水力梯度小，地下水流动速度迟缓，更新速度较慢，溶解氧气不能得到及时的补充，地下水处于相对还原环境中。同时该区地下水位埋深浅（图 9-3），地表各类有机物、无机污染物容易在淋滤作用下进入潜水含水层，进一步加剧了溶解氧的消耗，NH_4^+ 在此环境中不能够较快地转化，使区域地下水 NH_4^+ 浓度不断升高。

图 9-3　土默川平原潜水等水位线图（单位：m）

研究区承压水 NH_4^+ 高浓度区与潜水高浓度区分布范围相似，主要在大黑河冲积平原的中部，大黑河沿岸。由于研究区域北部和东南部为地下水补给区，承压水和潜水之间的隔水层不完整，两者之间有较紧密的水力联系，同时该区地下水流动速度较快，溶解氧能够得到不断的补充，因此该部分承压水中溶解氧含量较高，地下水处于氧化环境。进入承压水补给区的 NH_4^+ 能够被较快地氧化为 NO_3^- 或 N_2，使含水层中 NH_4^+ 的含量降低。而大黑河沿岸地带，尤其三两乡一带，为区域地下水的滞留排泄区，经过漫长流动途径上的消耗，承压水中的溶解氧含量大幅减低，使该区承压水处于较强的还原环境中，NH_4^+ 能够稳定存在。三两乡及其以南地区潜水水质差，工农业生产大量地开采承压水，使承压水位大幅下降，潜水通过断层或越流的方式补给地下水，使部分氨氮也进入承压含水层；该承压含水层主要由中更新统下段岩层构成，富含有机质，部分有机质的厌氧分解可能也是氨氮的主要来源之一。经过潜水越流和含水层中有机物的氨化作用进入承压水中的 NH_4^+ 不能够及时地转化，使其在承压含水层中不断累积，因此这些区域 NH_4^+ 浓度较高。

相关性分析表明，潜水和承压水中铵态氮浓度均与 pH 值和 COD 呈正相关，与 Eh 值呈负相关（表 9-4）。研究区潜水、承压水铵态氮高浓度（1mg/L）分布区基本上分布在平原中西部，这些区域岩层主要由大黑河和黄河冲积及湖积物组成，颗粒细小，有机质含量高。铵根离子浓度大于 3mg/L 的区域 COD 浓度也在 3mg/L 以上，两者表现出明显的正相关性；而铵根离子浓度大于 3mg/L 的区域，Eh 值一般在 -50mV 以下，两者表现出明显负相关性。由于碱性环境抑制硝化菌的作用，因此 pH 值高（>8.0）的地方使铵根离子能够稳定存在。承压水中铵根离子浓度变化与 pH 值变化相关性尤为明显，对比图 9-2 和图 5-10 可以看出，铵根离子浓度大于 1mg/L 的区域与 pH 值大于 8.0 的区域基本重合。铵根离子在碱性环境中能够稳定存在并不断累积，因而其与 HCO_3^- 表现为正相关性。

表 9-4　　　　　　　　　　铵根离子与相关元素相关性表

类型	pH 值	Eh 值	COD	TDS	Na^+	K^+	Mg^{2+}	Cl^-	HCO_3^-
潜水	0.204	-0.397**	0.763**	0.223*	0.222*	0.038	0.228*	0.334**	0.319**
承压水	0.376**	-0.231	0.397**	-0.018	0.050	0.407**	0.311*	-0.016	0.283*

注　**表示在 0.01 水平（双侧）上显著相关。*表示在 0.05 水平（双侧）上显著相关。

第三节　小　　结

总的来看，区域地下水氮化物浓度分布受人类活动、地下水流场和化学场的控制。在大青山和蛮汗山山前倾斜平原含水介质颗粒粗，地下水水力坡度大，流动速度快，地下水处于氧化环境，这些地方一般硝态氮浓度比较高；在大黑河和黄河冲积平原，含水层介质颗粒细小，有机质含量高，水力坡度小，地下水流动缓慢，地下水一般处于还原环境，铵根离子浓度较高。同时在大黑河和黄河冲积平原区域地下水位埋深浅（1~3m），地表污染物容易向含水层渗漏；且这些区域也是畜牧养殖发达的区域，地表污染源多，导致地下水呈现较强的还原环境，COD 浓度高，铵态氮浓度也高。

第十章　土默川平原丰枯水期水化学变化机制

　　干旱半干旱的平原区，气候、农业生产及人们生活方式随季节变化周而复始。在地下水位埋深较浅、沉积物颗粒细小、毛细上升高度大、土壤含盐量高、农牧业生产发达的地区，随着自然环境和人类活动的变化，浅层地下水往往容易随季节发生明显的改变。掌握地下水水质随季节变化的规律，揭示影响其变化的机制，对合理开发和保护地下水资源至关重要。本书选取土默川平原东南部的托克托县为重点区域，研究季节变化对地下水化学特征的影响。

第一节　水样采集与分析

　　本书的研究分丰水期（2013 年 8 月）和枯水期（2014 年 4 月）两个时间段采集地下水样。两次采样样品均为 53 个，潜水的 29 个采样点和承压水的 24 个采样点均是在同一口水井中进行重复采集。采样点主要选取经常使用的民用井、生活饮用水集中供水井和工业用水井。采样点位置分布及部分采样点照片见图 10 - 1，

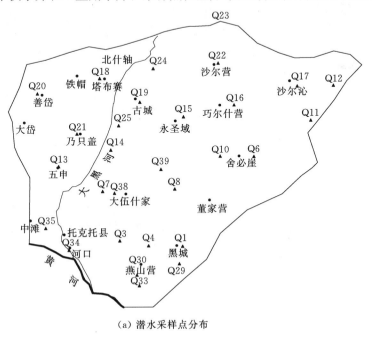

(a) 潜水采样点分布

图 10 - 1（一）　采样点位置分布图及部分采样点照片

143

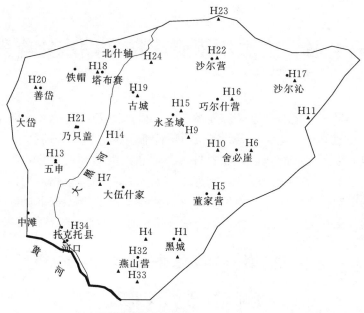

（b）承压水采样点分布

（c）采样点照片 1

（d）采样点照片 2

（e）采样点照片 3

图 10-1（二）　采样点位置分布图及部分采样点照片

采样区地貌见图 10-2，水样的分析方法见表 5-1。

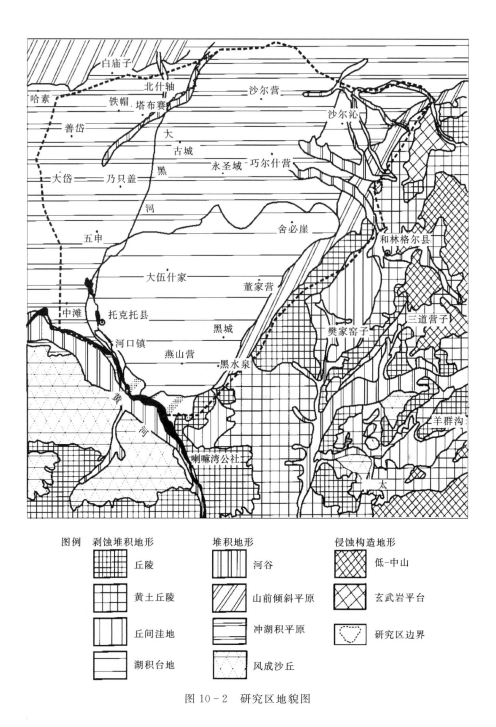

图例　剥蚀堆积地形　　　堆积地形　　　　　侵蚀构造地形

丘陵　　　　　　　河谷　　　　　　低-中山

黄土丘陵　　　　　山前倾斜平原　　　玄武岩平台

丘间洼地　　　　　冲湖积平原　　　　研究区边界

湖积台地　　　　　风成沙丘

图 10-2　研究区地貌图

第二节 地下水化学基本特征

一、潜水水化学基本特征

对潜水水化学指标进行统计，结果见表 10-1 和表 10-2。从表中可以看出，该区潜水处于弱碱性环境，丰水期 pH 值为 7.3～8.3，平均为 7.9；枯水期为 7.5～8.6，平均值为 8.0。TDS 含量丰水期为 324.0～5570.0mg/L，平均值为 1734.4mg/L；枯水期为 428.0～6846.0mg/L，平均值为 2071.7mg/L。宏量离子中 HCO_3^-、Cl^-、Na^+ 和 Mg^{2+} 含量较高，其中 HCO_3^- 在丰水期为 183.0～2139.0mg/L，平均值为 573.6mg/L；在枯水期为 171.4～919.2mg/L，平均值为 488.6，丰水期含量明显高于枯水期。Na^+ 丰水期为 21.9～1580mg/L，枯水期为 24.2～1785.0mg/L；Mg^{2+} 丰水期为 20.7～408mg/L，枯水期为 30.5～444.5mg/L；Cl^- 丰水期为 7.2～2654mg/L，枯水期为 16.9～2435mg/L，以上三种离子表现为空间上分布极不均匀。氧化还原电位（Eh 值）仅在枯水期进行了监测，其值为 -172～80mV，平均值为 -26.8mV，总体上处于相对还原环境。

表 10-1 潜水丰水期水化学指标统计结果

指标	单位	平均值	标准偏差	最小值	最大值
pH 值	无	7.9	0.3	7.3	8.3
EC	μS/cm	2816.4	2341.4	471.0	9046.0
TDS	mg/L	1743.4	1469.1	324.0	5570.0
COD_{Mn}	mg/L	3.5	3.2	0.5	16.0
TH	mg/L	680.7	445.4	188.0	1892.0
Na^+	mg/L	420.1	456.7	21.9	1580.0
K^+	mg/L	23.5	61.1	1.1	295.0
Mg^{2+}	mg/L	114.1	89.9	20.7	408.0
Ca^{2+}	mg/L	62.2	52.4	9.1	259.0
Cl^-	mg/L	402.8	537.2	7.2	2654.0
SO_4^{2-}	mg/L	198.4	267.9	1.5	1102.0
HCO_3^-	mg/L	573.6	403.9	183.0	2139.0
NH_4-N	mg/L	2.8	5.3	0.0	23.8
NO_2-N	mg/L	0.0	0.1	0.0	0.4
NO_3-N	mg/L	40.2	81.0	0.3	368.0
F	mg/L	2.3	1.8	0.4	7.2
总 As	μg/L	19.0	35.2	0.6	136.0
总 Fe	mg/L	0.1	0.1	0.0	0.7
总 Mn	mg/L	0.1	0.2	0.0	0.9

表 10-2 潜水枯水期水化学指标统计结果

指标	单位	平均值	标准偏差	最小值	最大值
pH 值	无	8.0	0.3	7.5	8.6
EC	μS/cm	2969.9	2252.5	607.0	9335.0
TDS	mg/L	2071.7	1623.5	428.0	6846.0
COD_{Mn}	mg/L	3.0	2.5	0.2	10.4
TH	mg/L	644.0	548.1	199.0	2851.0
Na^+	mg/L	420.4	413.0	24.2	1785.0
K^+	mg/L	15.7	25.8	1.5	131.4
Mg^{2+}	mg/L	116.1	97.5	30.5	444.5
Ca^{2+}	mg/L	57.2	40.6	12.8	164.1
Cl^-	mg/L	408.7	501.1	16.9	2435.0
SO_4^{2-}	mg/L	212.9	216.0	0.6	782.0
HCO_3^-	mg/L	488.6	214.4	171.4	919.2
NH_4-N	mg/L	2.8	5.9	0.0	26.3
NO_2-N	mg/L	0.0	0.1	0.0	0.2
NO_3-N	mg/L	29.7	59.6	0.0	238.0
F	mg/L	2.0	2.0	0.2	7.2
总 As	μg/L	12.8	21.6	0.3	80.6
总 Fe	mg/L	0.1	0.3	0.0	1.5
总 Mn	mg/L	0.1	0.1	0.0	0.3
Eh 值	mV	-26.8	67.7	-172.0	80.0

二、承压水水化学基本特征

对承压水水化学指标进行统计，结果见表 10-3 和表 10-4。从表中可以看出，该区承压水处于弱碱性环境，丰水期 pH 值在 7.8~8.5，平均为 8.0；枯水期在 7.5~8.6，平均值为 8.1。TDS 含量在丰水期为 270.0~1750.0mg/L，平均值为 700.4mg/L；枯水期为 334.0~1870.0mg/L，平均值为 757.8mg/L。宏量离子中 HCO_3^-、Cl^-、Na^+ 和 Mg^{2+} 含量较高，其中 HCO_3^- 在丰水期为 152.0~692.0mg/L，平均值为 324.1mg/L；在枯水期为 140.7~512.0mg/L，平均值为 262.6mg/L。Na^+ 丰水期为 31.1~520.0mg/L，枯水期为 12.4~485.2mg/L；Mg^{2+} 丰水期为 3.2~81.6mg/L，枯水期为 2.2~78.0mg/L；Cl^- 丰水期为 8.9~338.0mg/L，枯水期为 9.1~490.0mg/L，以上三种离子与潜水的特征相似，表现为空间上分布极不均匀。氧化还原电位（Eh 值）仅在枯水期进行了监测，其值为 -207.0~210.0mV，平均值为 -21.9mV，总体上研究区地下水处于相对还原环境。

表 10 - 3　　　　　　　　　承压水丰水期水化学指标统计结果

指标	单位	平均值	标准偏差	最小值	最大值
pH 值	无	8.0	0.2	7.8	8.5
EC	μS/cm	1127.1	580.4	441.0	2796.0
TDS	mg/L	700.4	333.3	270.0	1750.0
COD_{Mn}	mg/L	1.9	1.9	0.5	6.8
TH	mg/L	267.9	142.1	54.9	554.0
Na^+	mg/L	171.1	133.8	31.1	520.0
K^+	mg/L	4.2	4.0	1.8	18.5
Mg^{2+}	mg/L	33.5	23.6	3.2	81.6
Ca^{2+}	mg/L	35.3	16.1	9.4	65.3
Cl^-	mg/L	113.6	91.5	8.9	338.0
SO_4^{2-}	mg/L	86.4	87.5	2.8	402.0
HCO_3^-	mg/L	324.1	148.8	152.0	692.0
NH_4-N	mg/L	1.9	5.4	0.0	23.8
NO_2-N	mg/L	0.0	0.2	0.0	0.9
NO_3-N	mg/L	3.4	4.1	0.2	16.7
F	mg/L	1.5	2.5	0.1	12.7
总 As	μg/L	9.0	18.5	0.5	79.8
总 Fe	mg/L	0.1	0.1	0.0	0.2
总 Mn	mg/L	0.0	0.0	0.0	0.1

表 10 - 4　　　　　　　　　承压水枯水期水化学指标统计结果

指标	单位	平均值	标准偏差	最小值	最大值
pH 值	无	8.1	0.2	7.5	8.6
EC	μS/cm	1130.9	547.2	507.0	2650.0
TDS	mg/L	757.8	381.0	334.0	1870.0
COD_{Mn}	mg/L	2.2	2.2	0.2	7.9
TH	mg/L	243.6	147.5	49.0	600.0
Na^+	mg/L	151.0	115.7	12.4	485.2
K^+	mg/L	3.0	2.2	1.2	9.6
Mg^{2+}	mg/L	31.1	20.8	2.2	78.0
Ca^{2+}	mg/L	32.4	22.4	8.6	93.5
Cl^-	mg/L	112.7	115.5	9.1	490.0
SO_4^{2-}	mg/L	87.0	93.3	0.5	408.0
HCO_3^-	mg/L	262.6	93.5	140.7	512.0
NH_4-N	mg/L	2.0	4.1	0.0	14.9
NO_2-N	mg/L	0.0	0.0	0.0	0.1
NO_3-N	mg/L	4.8	5.4	0.1	18.3
F	mg/L	1.5	2.2	0.2	11.2
总 As	μg/L	10.5	32.6	0.3	162.3
总 Fe	mg/L	0.0	0.1	0.0	0.3
总 Mn	mg/L	0.0	0.0	0.0	0.0
Eh 值	mV	-21.9	95.6	-207.0	210.0

第三节　地下水主要化学组分的季节变化及原因

季节变化对地下水水质的影响主要为降水、温度及农业活动等随季节变化综合作用的结果。主要影响因素包括雨季降水对地下水中化学组分的稀释作用和对包气带可溶盐的淋溶作用、旱季的蒸发浓缩作用、耕作季节农业灌溉及化肥的使用、随降水进入地下水中的 CO_2 和 O_2 对水岩相互作用和氧化还原作用的增强等。

一般在冲洪积扇的扇顶区（地下水补给区）包气带及含水层颗粒比较粗大，含水层渗透性好，包气带岩层的可溶盐含量低。雨季的降水（低矿化度）可以较快地补给到地下水中，对这些地方地下水中的盐类起到了稀释作用，表现为 TDS 浓度降低。

冲洪积扇的扇缘至冲湖积平原区包气带及含水层介质中的可溶盐及有机质含量升高，特别是在地下水位埋深浅的区域，在蒸发作用下，土壤盐渍化严重。降水季节，在雨水淋溶作用下包气带介质部分可溶盐进入含水层，使地下水中的盐量明显升高，表现为 TDS 浓度增大（图 10-3）。

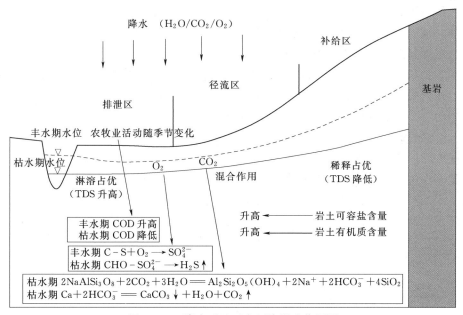

图 10-3　降水对地下水环境影响作用图

因此降水对地下水矿化度的影响主要由稀释和淋溶作用的相对强弱决定。

在雨季，土壤中的部分 CO_2 溶于雨水中，使地下水中的 CO_2 浓度相对升高。在 CO_2 的作用下，含水层介质中的硅铝酸盐岩容易发生水解，分离出 HCO_3^-，使部分区域 HCO_3^- 浓度明显升高；在枯水季节，随着 CO_2 的消耗，地

下水中的 HCO_3^- 和 Ca^{2+} 结合形成沉淀，使 HCO_3^- 和 Ca^{2+} 浓度均明显降低。这种水化学作用周而复始，使区域地下水中的 Ca^{2+} 浓度降低，为高氟水的形成奠定了基础（图 10 - 3）。

雨水补给地下水的过程，也是溶解氧对地下水的补给过程。溶解氧能够与地下水及含水介质中的有机质发生氧化还原反应，当这些有机质中富含硫化物时，就会使地下水中的硫酸盐浓度升高。在枯水季节，随着溶解氧的消耗，地下水的还原性增强，这时候部分硫酸盐在硫酸还原菌的作用下，参与有机物的氧化分解，本身被还原，导致其浓度降低（图 10 - 3）。

另外，在农牧业活动剧烈的区域，地表的污染物容易随降水进入含水层，使地下水的 COD_{Mn}、氮化物浓度发生明显的改变（图 10 - 3）。

下面对研究区地下水主要化学指标随季节变化的原因进行剖析，由于承压水受季节影响变化不明显（滤波作用），主要以潜水为例进行说明。

一、降水的稀释和淋溶作用

1. 氯离子、钠离子、TDS

氯离子、钠离子一般是高矿化度地下水的主要成分，因此三者有密切的相关性。氯离子和钠离子在地下水中普遍存在，其主要特征为易溶、迁移性强，在低浓度状态下不易与其他离子发生化学反应而生成沉淀，也不容易被胶体吸附和生物积累。一般地下水中的氯离子和钠离子浓度随 TDS 含量的升高而增加。在人类活动剧烈区域，地下水中氯离子浓度的异常升高，常被看作地下水污染的一个重要标志。钾离子的化学性质和地壳中的含量与钠离子相似，但由于其容易参与形成不易溶于水的次生矿物（如蒙脱石、水云母等）和容易被植物吸收，因此其在地下水中的含量远远低于钠离子。TDS 是表征水中溶解成分含量多少的一个指标，在自然条件下其值高低受地下水流动系统影响。一般在地下水的补给、径流区较低（一般低于 1g/L），在排泄区较高。在一些古沉积水或蒸发强烈的潜水滞留排泄区域，TDS 可出现每升的地下水达几克到数十克。

（1）氯离子。研究区丰水期潜水氯离子浓度为 7.2～2654.0mg/L，平均值为 402.8mg/L；枯水期为 16.9～2435.0mg/L，平均值为 408.7mg/L。从整个区域上看，研究区东北部潜水中氯离子含量较低，向西逐渐升高。丰水期在沙尔营、巧尔什营和董家营以东，枯水期在沙尔营—舍必崖以东，氯离子含量均低于 150mg/L。枯水期在巧尔什营一带氯离子含量上升到 350mg/L 左右，相对丰水期升高了约 200mg/L（图 10 - 4）。在丰水期地下水中氯离子含量大于 1000mg/L 的区域主要集中在研究区西部的大岱、五申、中滩及托克托县城一带，最高值出现在中滩附近，浓度高达 2654.0mg/L；在枯水期氯离子大于 1000mg/L 的区域分布在乃只盖一带，相对丰水期向东北方向迁移，最高值位于

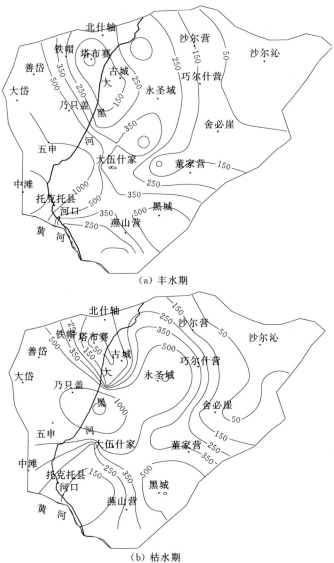

（a）丰水期

（b）枯水期

图 10-4　潜水丰、枯水期氯离子空间分布（单位：mg/L）

乃只盖东南部（Q14），浓度高达 2435.0mg/L。雨季地下水位上升和降水淋滤作用把原本包气带中的可溶盐带入地下水中，是导致局部区域（如托克托县城—河口一带）地下水中氯离子在丰水期明显升高的主要原因。

（2）钠离子。研究区丰水期潜水钠离子浓度为 21.9～1580.0mg/L，平均值为 420.1mg/L；枯水期为 24.2～1785.0mg/L，平均值为 420.4mg/L。从整个区域上看，研究区东北部潜水中钠离子含量较低，向西逐渐升高。丰水期和枯水期均以沙尔营、巧尔什营和舍必崖为界，以东钠离子含量均低于 200mg/L。

在丰水期地下水中钠离子含量大于 1000mg/L 的区域主要集中在研究区西部的乃只盖—五申—中滩一带和古城以北地区，最高值出现在五申附近（Q13）浓度高达 1580.0mg/L；在枯水期钠离子大于 1000mg/L 的区域分布在乃只盖—大伍什家一线，相对丰水期向东南方向迁移，最高值（Q7）浓度高达 1785.0mg/L（图 10-5）。地下水位埋深浅，蒸发浓缩作用强烈是导致局部区域潜水中钠离子富集的主要原因。对比丰、枯水期钠离子浓度等值线图（图 10-5）可以看出，丰水期伍申—中滩一带较枯水期明显升高，这可能与氯离子的浓度变化相似，

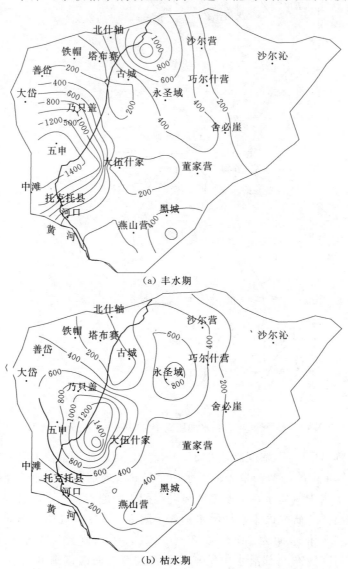

（a）丰水期

（b）枯水期

图 10-5　潜水丰、枯水期钠离子空间分布（单位：mg/L）

主要是丰水期地下水位升高和降水淋滤作用把包气带的可溶盐带入地下水所致。

（3）TDS。研究区丰水期潜水中 TDS 浓度为 324.0～5570.0mg/L，平均值为 1743.4mg/L；枯水期为 428.0～6846.0mg/L，平均值为 2071.7mg/L。从区域上看，无论丰水期还是枯水期东北部地下水的补给径流区 TDS 浓度较低，一般浓度在 1000mg/L 以下，向西浓度逐渐升高到 3000mg/L 以上（图 10-6）。

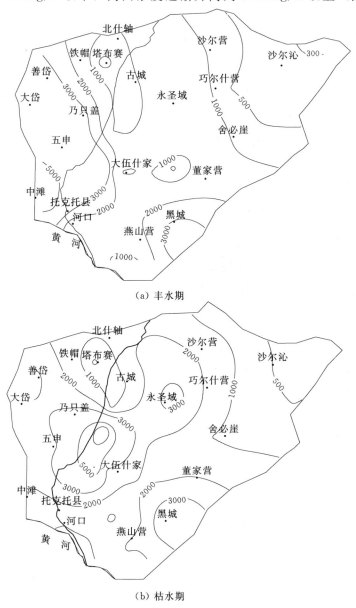

（a）丰水期

（b）枯水期

图 10-6　潜水丰、枯水期 TDS 空间分布（单位：mg/L）

地下水中 TDS 高于 3000mg/L 以上的区域，在丰水期主要分布在善岱—乃只盖—托克托县城以西，在枯水期主要分布在永圣域、善岱、黑城和乃只盖—五申—大伍什家一带。丰水期 TDS 最高浓度（>5000mg/L）分布于五申附近，枯水期分布于大伍什家以北大黑河沿岸。对比丰水期和枯水期 TDS 浓度分布等值线（图 10-6）可以看出，巧尔什营—永圣域一带枯水期潜水 TDS 浓度由丰水期的 1000mg/L 上升到 2000～3000mg/L，这可能是由于丰水期的降水量比较多，对这些区域地下水的补给作用较强，潜水中的离子浓度明显受到稀释作用的影响所致；而中滩—托克托县城—河口一带恰恰相反，丰水期 TDS 较枯水期明显升高，这可能与钠、氯离子的变化原因相似，主要是地下水位的变化和降水的淋滤作用大于稀释作用所引起的。因此可溶离子的浓度变化受淋滤和稀释的双重作用，主要看哪种作用占主导地位。

研究区丰水期承压水 TDS 浓度为 270.0～1750.0mg/L，平均值为 700.4mg/L；枯水期为 334.0～1870mg/L，平均值为 757.8mg/L。从区域上看，无论丰水期还是枯水期北部地下水的 TDS 浓度较低，在五申—永圣域—舍必崖以北均低于 1000mg/L；向南燕山营一带 TDS 浓度最高，其中丰水期最高浓度位于燕山营以北（H4），达到 1750.0mg/L；枯水期最高浓度同样位于燕山营以北（H4），达 1870.0mg/L（图 10-7）。对比丰水期和枯水期 TDS 浓度等值线变化（图 10-7）可以看出，枯水期承压水 TDS 明显升高，TDS 浓度 1000mg/L 等值线圈闭的面积明显扩大，可能是由于丰水期潜水和承压水的混合作用及雨水的补给有关。

研究区潜水 TDS 含量明显较承压水高，以平均值计，丰水期潜水较承压水高约 1043.0mg/L，枯水期高约 1313.9mg/L。从空间浓度分布看，潜水的高浓度（>3000mg/L）分布区基本都集中在研究区中西部乃只盖—五申一带；而承压水较高浓度分布区（>1000mg/L）主要分布在研究区南部的湖积台地中部的大伍什家—燕山营一带。从水文地质条件看，地下水的径流排泄区的蒸发浓缩作用是局部潜水 TDS 升高的主要原因；湖积台地区域承压含水层中可溶盐含量高，是 TDS 在大伍什家—燕山营一带浓度较高的主要原因。

2. pH 值

pH 值是表征水中 H^+ 含量多少的一个指标。天然条件下，大部分地下水的 pH 值为 6.0～8.5。pH 值的高低对地下水中各种化学组分的存在形式和地下水与其接触岩层中矿物成分的相互作用有着重要的影响。例如，随着 pH 值的升高地下水中的钙镁离子容易生成沉淀使 TDS 降低，而随着 pH 值的降低会有更多的矿物成分溶入地下水中使 TDS 升高。近年来由于化石燃料的大量使用（特别是煤化工和煤电），使部分区域降水偏酸性，从而使受影响区域地下水 pH 值降低，导致地下水化学特征发生明显的变化。

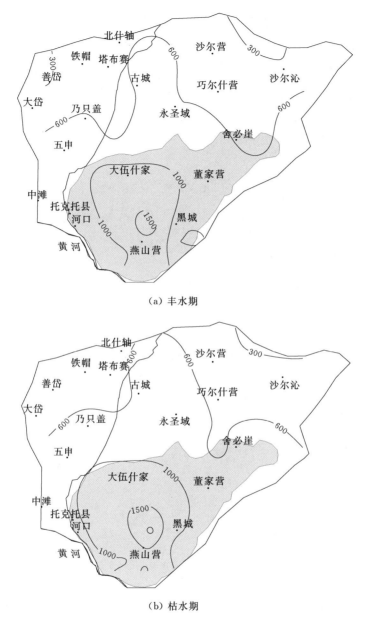

（a）丰水期

（b）枯水期

图 10-7 承压水丰、枯水期 TDS 空间分布（单位：mg/L）

研究区丰水期潜水 pH 值为 7.3～8.3，平均值为 7.9；枯水期为 7.5～8.6，平均值为 8.0，整体上看该区潜水呈弱碱性。从空间分布上看，无论丰水期还是枯水期，大黑河西部较大黑河东部要低，西部善岱—乃只盖—大岱一带 pH 值一般在 7.5 左右，东部董家营—舍必崖—永圣域一带 pH 值基本在 7.9 以上。在丰

155

水期潜水 pH 值最高点出现在古城以南（Q14），枯水期潜水 pH 值最高点出现在永圣域（Q15）一带。对比丰、枯水期 pH 值等值线图（图 10-8）可以看出，

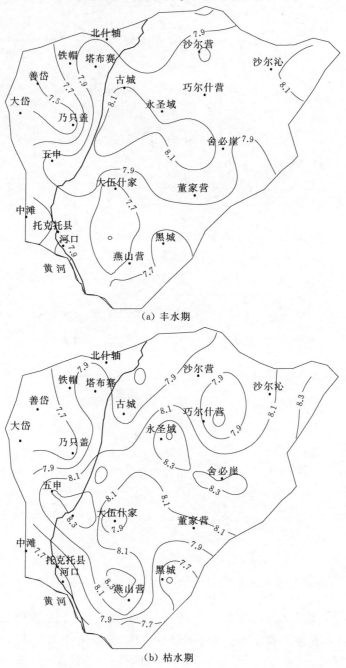

(a) 丰水期

(b) 枯水期

图 10-8　潜水丰、枯水期 pH 值空间变化

枯水期 pH 值大于 8.1 的区域面积明显扩大，pH 值总体相对升高，这是因为该区雨水相对偏酸性，丰水期较多的降水补给对地下水 pH 值影响明显。

二、氧化还原作用

地下水中的硫酸根主要来源于硫酸盐溶解或含硫矿物的氧化，如硫铁矿 ［式（10-1）］。由于降水引起的氧化还原作用而导致地下水中浓度发生明显变化的主要为硫酸根离子。作为天然地下水中主要阴离子之一的硫酸根，其在地下水中的含量受钙离子含量及氧化还原条件影响较明显。由于硫酸钙的溶解度较低，钙离子在地下水中的浓度大小会直接影响硫酸根的含量。还原条件下，在硫酸根还原菌的作用下，硫酸根容易被还原为硫化氢，因而一般在封闭良好的承压水中硫酸根离子的含量很低或完全消失。在受人类活动影响明显，地下水中有机污染物含量较高的地下水中，硫酸根通常在微生物的作用下，氧化有机物本身被还原。

$$8FeS_2 + 26H_2O + 10OH^- \longrightarrow 8Fe(OH)_4^- + SO_4^{2-} + 15H_2S \qquad (10-1)$$

研究区丰水期潜水硫酸根离子浓度为 1.5～1102.0mg/L，平均值为 198.4mg/L；枯水期为 0.6～782.0mg/L，平均值为 212.9mg/L。从整个区域上看，研究区东北部潜水中硫酸根离子含量较低，向西南逐渐升高。在丰水期铁帽—乃只盖—董家营以东，在枯水期大黑河沿岸及永圣域—舍必崖以东，硫酸根离子含量均低于 150mg/L。在丰水期地下水中硫酸根离子含量大于 500mg/L 的区域主要集中在研究区西部中滩—托克托县城一带及东南部黑城一带，最高值出现在中滩附近（Q35），高达 1102.0mg/L；在枯水期硫酸根离子大于 500mg/L 的区域分布在研究区西部的善岱—大岱一带和东南部的黑城一带，最高值位于黑城（Q1），高达 782.0mg/L。丰水期降水带来的溶解氧使地下水中有机质的分解增多，有机质中硫元素的氧化导致中滩—大伍什家潜水中硫酸根离子浓度能加［式（10-2）］，枯水季节上述区域硫酸根离子作为氧化剂氧化还原性物质（特别是有机物）使其含量相对降低（图 10-9）。

$$2CH_2O + SO_4^{2-} + H^+ \xrightarrow{\text{微生物}} 2CO_2(g) + 2H_2O + HS^- \qquad (10-2)$$

研究区丰水期承压水硫酸根离子浓度为 2.8～402.0mg/L，平均值为 86.4mg/L；枯水期为 0.5～408.0mg/L，平均值为 87.0mg/L。从整个区域上看，研究区北部承压水中硫酸根离子含量较低，在丰水期五申—永圣域—董家营以北，在枯水期五申—董家营—舍必崖以北，硫酸根离子含量均低于 100mg/L。在丰、枯水期承压水中硫酸根离子含量大于 200mg/L 区域主要集中在研究区南部的湖积台地区域。丰水期最高值处于燕山营以北（H4），高达 402.0mg/L；枯

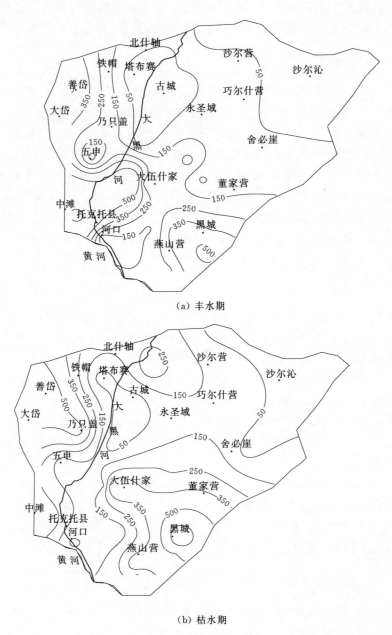

(a) 丰水期

(b) 枯水期

图 10-9　潜水丰、枯水期硫酸根离子空间分布（单位：mg/L）

水期最高值同样位于燕山营以北（H4），高达 408.0mg/L（图 10-10）。承压水中硫酸根离子丰、枯季节的浓度变化不大，湖积台地区域硫酸盐岩的溶解是该区硫酸根浓度高的主要原因。

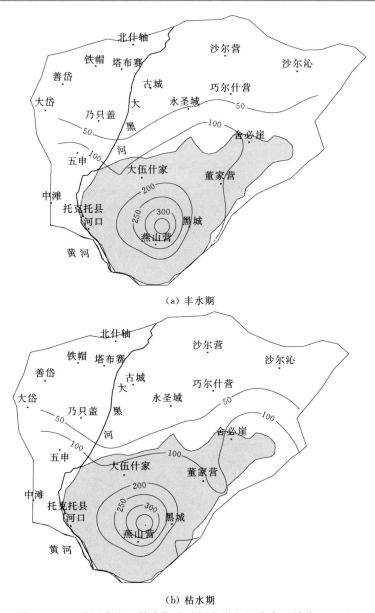

（a）丰水期

（b）枯水期

图 10-10　承压水丰、枯水期硫酸根离子空间分布（单位：mg/L）

　　研究区潜水硫酸根离子含量较承压水高，以平均值计，丰水期潜水较承压水高约 112.0mg/L，枯水期高约 125.9mg/L。从浓度分布来看，潜水高浓度（＞500mg/L）分布区主要集中在研究区的大黑河以西及东南黑城一带；承压水的高浓度（＞250mg/L）分布区主要分布于湖积台地区域。蒸发浓缩是导致大黑河西部潜水中硫酸根离子富集的主要原因，黑城一带 F1 断层连通潜水和承压水，承压水长期向上补给潜水导致该区硫酸根浓度较高；湖积台地区域岩层中含有大量硫酸盐是研究区南部承压水中硫酸根离子主要来源。

三、水岩相互作用

降水带来的 CO_2 使长石类矿区的水解作用增强是导致地下水中（特别是潜水）碳酸氢根浓度随季节发生明显变化的主要原因。地下水中的碳酸氢根主要来源于大气和土壤中的 CO_2 及部分碳酸盐岩的溶解。碳酸氢根在地下水中的存在受钙离子浓度制约，钙离子含量高的地下水中碳酸氢根含量一般较低。在低矿化度的地下水中，碳酸氢根离子的含量一般高于氯离子和硫酸根离子。在地下水的补给区地下水化学类型一般为 $HCO_3 - Ca$ 型或 $HCO_3 - Mg$ 型。

丰水期研究区潜水碳酸氢根离子浓度为 $183.0 \sim 2139.0 mg/L$，平均值为 $573.6 mg/L$；枯水期为 $171.4 \sim 919.2 mg/L$，平均值为 $488.6 mg/L$。从整个区域上看，无论丰水期还是枯水期，研究区东北部和南部潜水中碳酸氢根含量均较低。东部巧尔什营—舍必崖—董家营以东，南部大伍什家—托克托县城—燕山营—黑城以南碳酸氢根含量低于 $600 mg/L$；西部善岱—乃只盖—大岱—五申一带碳酸氢根浓度较高，达 $1000 mg/L$ 以上（图 10 - 11）。丰水期最高值出现在五申（Q13），浓度为 $2139.0 mg/L$；枯水期最高值出现在乃只盖（Q24），浓度为 $919.2 mg/L$。碳酸氢根浓度在丰水期相对枯水期高，可能是由于三方面原因引起的：①雨季降水使更多的土壤中的 CO_2 溶于地下水，促进了长石类矿物的水解；②降水偏酸性使地下水的 pH 值有所下降，增大了碳酸盐岩的溶解度；③丰水期也是农耕季节，碳酸类化肥的大量使用进一步增加了地下水中碳酸根的含量。其中，二氧化碳向地下水的补充随季节变化，导致岩土中硅铝酸盐水解及碳酸盐岩沉淀也呈周期性变化，这种周而复始的水文地球化学作用是平原地下水排泄区形成苏打水的主要原因，同时也为高氟水的形成创造了条件。

四、气温变化

研究区在气候上受到蒙古高气压的影响较大，经常受西北寒风的袭击，故具有寒冷、干燥多变的大陆性气候特征。1 月气温最低，平均为 $-14℃$；7 月、8 月气温最高，平均为 $21℃$，极端最高气温 $30℃$。冬长夏短，温差极大，如：大黑河流域，最高温度在大黑河中游可达 $20 \sim 30℃$。相对湿度一般为 $40\% \sim 70\%$，最大值可达 98%，最小值仅在 10% 左右。其平均年降水量约为 $400 mm$ 左右，全年半数以上的降水多集中在 6—9 月（占全年总数的 $70\% \sim 80\%$），并多为暴雨。蒸发量年平均为 $1800 mm$ 左右。

冬季该区气温基本长期稳定在零下十几摄氏度，最低气温达到 $-30℃$ 左右。在低温环境中，研究区地表土壤中的水分均结冰，冻土层厚达几十厘米，土壤

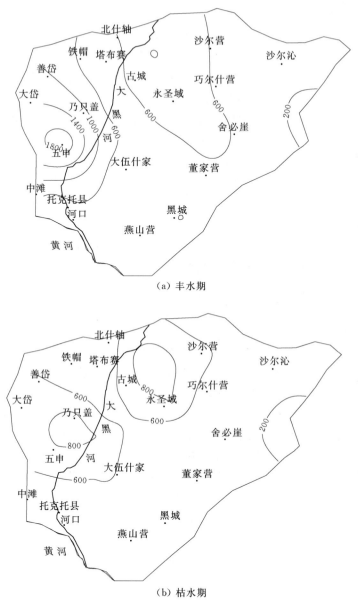

（a）丰水期

（b）枯水期

图 10 - 11　潜水丰、枯水期碳酸氢根空间分布（单位：mg/L）

中的细小的孔隙或被冰封或孔径明显缩小。冻土层的存在明显阻隔了地下水与
地表环境间的物质能量交换，特别是在土壤颗粒细小、含水率高的冲湖积平原
区，这种阻隔作用尤其明显。

　　冬季到来，随着气温的降低，地表植被大量枯萎死亡或进入休眠状态，冻
土层中的微生物活性降低，土壤中的生物化学作用减弱；冻土层中的水分、盐

161

分等被滞留于包气带中，而不能向下迁移补给潜水。在冻土层的封闭作用下，大气中的氧气、土壤中的二氧化碳向地下水的补给量大幅减少，地下水的氧化性降低，水岩相互作用减弱。在地下水位埋深浅、含水介质颗粒细小，毛细作用大的大黑河下游区域，冻土层有效地减少了地下水的蒸发和降低了一些矿物的溶解度使潜水的矿化度有所降低。

在春夏季节，随着温度的升高，冻土层融化，地表植被大量生长。土壤中微生物的活性提高，地下水能得到土壤中二氧化碳和大气中的氧气的补充，其水岩相互作用增强。随着冻土的融化，土壤中的水分、盐分也向潜水补给，潜水的水化学特征将发生明显的变化。特别是在水位变幅带上，水岩相互作用尤其强烈。

温度对地下水环境的影响研究涉及植物学、微生物学、生物地球化学、气候学、矿物学、岩石学、水文地球化学等学科，内容广泛、机理复杂，目前的研究成果不多，其未来可能成为地下水科学研究的热点之一。

五、生产活动的作用

1. COD_{Mn}

化学需氧量（COD_{Mn}）是表征水体中还原性物质多少的一个综合性指标。在自然条件下，一般在地下水径流速度快、交替更新迅速的区域 COD_{Mn} 值较低，在地下水流速较慢的滞留、排泄区域其值较高。地下水中 COD_{Mn} 值呈升高趋势，是地下水污染的一个重要标志。由于世界上大多数城市建立于河谷、平原区，地下水流速较慢、水位埋深浅，容易被城市工业废水的不合理排放所影响，往往导致城区周围地下水中 COD_{Mn} 值大幅升高。

研究区丰水期潜水 COD_{Mn} 浓度为 $0.5\sim16.0mg/L$，平均值为 $3.5mg/L$；枯水期为 $0.2\sim10.4mg/L$，平均值为 $3.0mg/L$。从区域上看，无论丰水期还是枯水期，东部地下水的补给径流区 COD_{Mn} 浓度较低，沙尔营—巧尔什营—舍必崖—董家营—大伍什家—燕山营以东普遍小于 $3mg/L$，向东沙尔沁区域小于 $1mg/L$；研究区中西部古城—永圣域—五申为 COD_{Mn} 浓度较高的区域，普遍大于 $5mg/L$。处于五申镇的采样点 Q13 在丰水期 COD_{Mn} 浓度为 $16mg/L$，枯水期为 $9.3mg/L$；处于古城附近的采样点 Q19 在丰水期为 $8.2mg/L$，枯水期为 $10.4mg/L$，是区域地下水 COD_{Mn} 浓度最高的地方（图 10 - 12）。古城—永圣域—五申一带经济活动主要以奶牛养殖为主，动物粪便管理无序、养殖饲料肆意散落加之该区地下水位埋深浅，使污染物容易向潜水含水层渗滤，这可能是导致该区地下水 COD_{Mn} 浓度较高的主要原因。同时该区又是地下水的滞留排泄区，污染物在地下水中不易扩散，导致污染物浓度进一步积累。对比丰水期和枯水期 COD_{Mn} 浓度为 $5mg/L$ 的等值线圈闭的范围看，COD_{Mn} 浓度大于 $5mg/L$ 的区域，丰

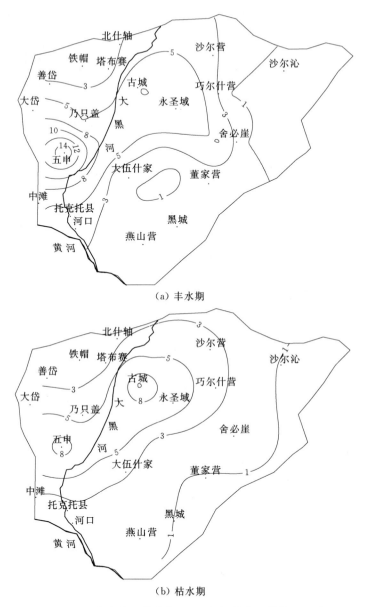

（a）丰水期

（b）枯水期

图 10-12　潜水丰、枯水期 COD 空间分布（单位：mg/L）

水期明显大于枯水期。丰水期降水量的增多使地表污染物向地下水渗滤的速度大大加快，可能是导致丰水期区域地下水 COD_{Mn} 浓度相对升高的主要因素。

　　研究区丰水期承压水 COD_{Mn} 浓度为 0.5～6.8mg/L，平均值为 1.9mg/L；枯水期为 0.2～7.9mg/L，平均值为 2.2mg/L。从区域上看，无论丰水期还是枯水期，东部地下水的补给径流区 COD_{Mn} 浓度较低，沙尔营—巧尔什营—舍必崖—燕山营以东普遍小于 1mg/L；在丰水期，研究区中部古城和乃只盖为 COD_{Mn} 浓度较高（＞5mg/L）的区域；在枯水期古城的东北、永圣域以南和乃只盖仍是区域地下水 COD_{Mn} 浓度较高（＞5mg/L）区域。枯水期采集的永圣域以南的承压水地下水样（H9）COD_{Mn} 浓度最高，达到 7.9mg/L（图 10-13）。古城、永圣域和乃只盖一带 COD_{Mn} 浓度高的原因有两个：①这些地方畜牧养殖发达，潜水水质差，为了满足生产生活用水需求，大量开采承压水，导致承压水位大

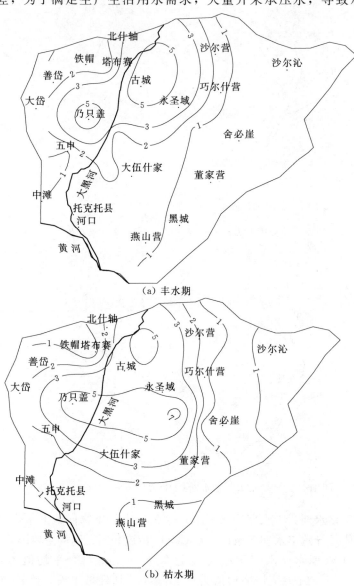

（a）丰水期

（b）枯水期

图 10-13　承压水丰、枯水期 COD_{Mn} 空间分布（单位：mg/L）

幅下降，潜水向承压水的越流补给量增大，引起污染；②这些地方处于大黑河冲湖积平原中下游，承压含水层颗粒细小，多为淤泥质互层，富含有机质。

研究区丰水期潜水 COD_{Mn} 含量较承压水高，以平均值计，潜水较承压水高约 1.6mg/L；枯水期承压水较潜水略高，约 0.8mg/L。从空间浓度分布看，潜水和承压水的高浓度（＞5mg/L）分布区基本都集中在研究区古城、永圣域和五申一带。以上几个乡镇大量开采承压水，使局部区域潜水向下的越流量增大，是导致区域承压水 COD_{Mn} 浓度较高的主要原因之一。

2. 氮化物

"三氮"是地下水中 NO_3-N、NO_2-N 和 NH_4-N 的总称。近年来，区域地下水的"三氮"污染已逐渐引起人们的关注，农业面源污染和畜牧养殖业点源污染则被认为是地下水"三氮"污染的主要原因。

研究区丰水期潜水 NO_3-N 值为 0.3～368.0mg/L，平均值为 40.2mg/L；枯水期最高浓度为 238.0mg/L，平均值为 29.7mg/L。丰水期潜水 NH_4-N 平均值为 2.8mg/L，最高浓度达 23.8mg/L；枯水期 NH_4-N 平均值为 2.8mg/L，最高浓度达 26.3mg/L。从空间分布上看，潜水无论是丰水期还是枯水期，研究区大部分范围内 NH_4-N 超标，最高浓度均出现在大黑河沿岸的古城附近，达 18mg/L 以上（图 10-14）。由于大黑河沿岸是该区地下水的滞留排泄区，水位埋深浅，污染物（特别是有机污染物）极易随降水或灌溉进入地下水中，导致水中溶解氧被消耗，形成较强的还原环境，进而使得氨的硝化作用减弱，反硝化作用增强，NH_4-N 不断积累并稳定存在于地下水中。丰水期 NO_3-N 高浓

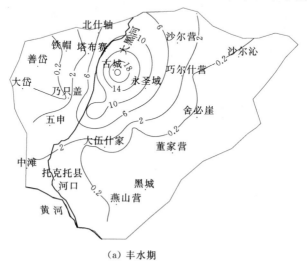

（a）丰水期

图 10-14（一） 潜水丰、枯水期 NH_4-N 空间变化（单位：mg/L）

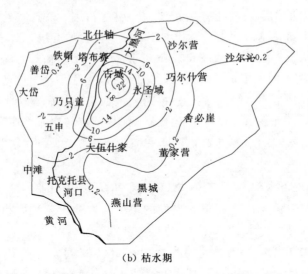

（b）枯水期

图 10-14（二） 潜水丰、枯水期 $NH_4 - N$ 空间变化（单位：mg/L）

度超标区集中在研究区的南部和西部，在黑城以南浓度最高，达 260mg/L 以上；枯水期 $NO_3 - N$ 超标区域分布在研究区的东南部和西北部，在黑城的东南部浓度最高，达 220mg/L 以上（图 10-15），这可能是由于该区分布数百家豆腐作坊，这些生产废水没有进行处理，随意排放，导致地下水氮化物含量升高。

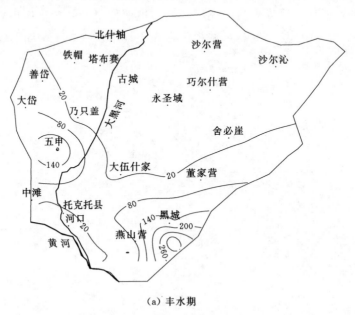

（a）丰水期

图 10-15（一） 潜水丰、枯水期 $NO_3 - N$ 空间变化（单位：mg/L）

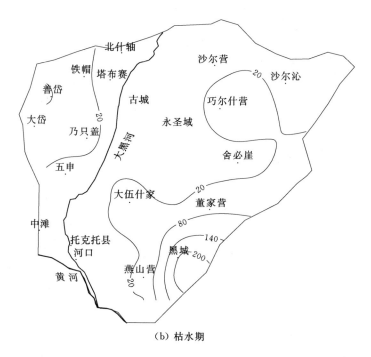

（b）枯水期

图 10-15（二）　潜水丰、枯水期 NO_3-N 空间变化（单位：mg/L）

第四节　地下水化学类型及其变化成因

一、潜水舒卡列夫分类

利用舒卡列夫分类法对 58 个潜水样进行水化学分类，具体结果见表 10-5。从表中可以看出，该区域地下水化学组分变化较大，丰水期 29 个潜水样中共出现了 18 种地下水化学类型。其中 HCO_3·Cl-Na·Mg 型水最多，有 5 个；HCO_3-Mg·Na 型和 HCO_3·Cl-Na 型各有 3 个；Cl·HCO_3-Mg·Na 型、HCO_3-Mg·Na·Ca 型、Cl-Na·Mg 型各有 2 个；HCO_3-Na·Mg 型、Cl-Mg·Na 型、Cl·NO_3-Na·Mg 型、Cl·SO_4-Na 型、HCO_3-Na 型、HCO_3-Na·Ca·Mg型、HCO_3-Mg·Ca 型、HCO_3-Na·Mg·Ca 型、NO_3·Cl-Na·Mg 型、Cl·HCO_3·SO_4-Na·Mg 型、HCO_3·SO_4·NO_3-Na·Mg型、Cl·HCO_3-Na·Mg 型和 Cl·SO_4-Mg·Ca·Na 型水样各有 1 个。

表 10 − 5　　　　　　　　　　　　潜水舒卡列夫水化学类型

丰　水　期		枯　水　期	
样品编号	水化学类型	样品编号	水化学类型
Q1	Cl − Mg・Na	Q1	Cl − Mg・Na
Q3	Cl・HCO$_3$ − Mg・Na	Q3	HCO$_3$ − Na・Mg
Q4	Cl・NO$_3$ − Na・Mg	Q4	Cl・HCO$_3$・SO$_4$ − Na・Mg
Q6	HCO$_3$ − Mg・Na	Q6	HCO$_3$ − Mg・Na
Q7	Cl・SO$_4$ − Na	Q7	HCO$_3$・Cl − Na
Q8	HCO$_3$ − Mg・Na	Q8	Cl・SO$_4$・HCO$_3$ − Na・Mg
Q10	HCO$_3$ − Na	Q10	HCO$_3$・Cl・SO$_4$ − Na
Q11	HCO$_3$ − Na・Ca・Mg	Q11	HCO$_3$・Cl − Ca・Mg
Q12	HCO$_3$ − Mg・Ca	Q12	HCO$_3$ − Mg・Ca
Q13	HCO$_3$・Cl − Na	Q13	Cl・HCO$_3$ − Na
Q14	HCO$_3$・Cl − Na・Mg	Q14	Cl − Na・Mg
Q15	HCO$_3$・Cl − Na・Mg	Q15	Cl・HCO$_3$ − Na
Q16	HCO$_3$ − Na・Mg・Ca	Q16	Cl・HCO$_3$・NO$_3$ − Na・Mg
Q17	HCO$_3$ − Mg・Na	Q17	HCO$_3$ − Mg
Q18	HCO$_3$ − Mg・Na・Ca	Q18	HCO$_3$ − Na・Mg
Q19	HCO$_3$ − Na・Mg	Q19	HCO$_3$ − Mg・Na
Q20	Cl・HCO$_3$ − Mg・Na	Q20	Cl・SO$_4$ − Na・Mg
Q21	HCO$_3$・Cl − Na	Q21	Cl − Na
Q22	HCO$_3$・Cl − Na・Mg	Q22	HCO$_3$ − Na
Q23	HCO$_3$ − Mg・Na・Ca	Q23	HCO$_3$ − Mg・Ca
Q24	HCO$_3$・Cl − Na	Q24	HCO$_3$・Cl − Na
Q25	HCO$_3$・Cl − Na・Mg	Q25	HCO$_3$・Cl − Na・Mg
Q29	NO$_3$・Cl − Na・Mg	Q29	Cl・NO$_3$ − Na・Mg
Q30	Cl・HCO$_3$・SO$_4$ − Na・Mg	Q30	SO$_4$・Cl・HCO$_3$ − Na
Q33	HCO$_3$・SO$_4$・NO$_3$ − Na・Mg	Q33	Cl・SO$_4$・HCO$_3$ − Mg・Ca
Q34	HCO$_3$・Cl − Na・Mg	Q34	HCO$_3$・Cl − Na・Ca・Mg
Q35	Cl − Na・Mg	Q35	Cl・SO$_4$・HCO$_3$ − Na・Mg
Q38	Cl・HCO$_3$ − Na・Mg	Q38	Cl・HCO$_3$ − Na
Q39	Cl − Na・Mg	Q39	Cl − Na・Mg

　　枯水期潜水中共出现了 21 种地下水化学类型，其中 Cl・HCO$_3$ − Na 型地下水样有 3 个；HCO$_3$ − Na・Mg 型、HCO$_3$ − Mg・Na 型、HCO$_3$・Cl − Na 型、Cl・SO$_4$・HCO$_3$ − Na・Mg 型、HCO$_3$ − Mg・Ca 型、Cl − Na・Mg 型地下水样各有 2 个；Cl・SO$_4$ − Na・Mg 型、HCO$_3$・Cl − Na・Mg 型、Cl − Mg・Na 型、

$Cl \cdot HCO_3 \cdot SO_4 - Na \cdot Mg$ 型、$HCO_3 \cdot Cl \cdot SO_4 - Na$ 型、$HCO_3 \cdot Cl - Ca \cdot$
Mg 型、$Cl \cdot HCO_3 \cdot NO_3 - Na \cdot Mg$ 型、$HCO_3 - Mg$ 型、$Cl - Na$ 型、$HCO_3 -$
Na 型、$Cl \cdot NO_3 - Na \cdot Mg$ 型、$SO_4 \cdot Cl \cdot HCO_3 - Na$ 型、$Cl \cdot SO_4 \cdot HCO_3 -$
$Mg \cdot Ca$ 型和 $HCO_3 \cdot Cl - Na \cdot Ca \cdot Mg$ 型地下水样各 1 个。

　　总的来看，该区潜水阳离子以 Na^+ 和 Mg^{2+} 为主，阴离子以 HCO_3^- 和 Cl^-
为主。降水对该区地下水化学类型影响较大，在丰、枯水期均采集潜水样的 29
口水井中，仅有 6 口井（Q1、Q6、Q12、Q24、Q25 和 Q39）的水化学类型保
持不变，其他 23 口井均发生了变化。该区地下水受人类活动影响较大，在丰水
期、枯水期分别出现了 3 个（Q4、Q29 和 Q33）和 2 个（Q16 和 Q29）含有硝
酸根类型的地下水。

二、承压水舒卡列夫分类

　　利用舒卡列夫分类法对 48 个承压水样进行水化学分类，具体结果见
表 10 - 6。

表 10 - 6　　　　　　　　　承压水舒卡列夫水化学类型

丰　水　期		枯　水　期	
样品编号	水化学类型	样品编号	水化学类型
H1	$HCO_3 \cdot SO_4 \cdot Cl - Na$	H1	$HCO_3 \cdot Cl \cdot SO_4 - Na \cdot Mg$
H4	$HCO_3 \cdot SO_4 \cdot Cl - Na$	H4	$Cl \cdot SO_4 - Na$
H5	$HCO_3 - Mg \cdot Na$	H5	$HCO_3 - Na$
H6	$HCO_3 - Mg \cdot Na$	H6	$HCO_3 \cdot SO_4 - Mg \cdot Na$
H7	$Cl \cdot HCO_3 - Na$	H7	$Cl \cdot HCO_3 - Na$
H9	$Cl \cdot SO_4 - Na$	H9	$Cl \cdot HCO_3 - Na$
H10	$HCO_3 \cdot Cl \cdot SO_4 - Na$	H10	$HCO_3 - Na$
H11	$HCO_3 - Na$	H11	$HCO_3 - Ca \cdot Na \cdot Mg$
H13	$Cl \cdot SO_4 - Na \cdot Ca$	H13	$Cl \cdot SO_4 \cdot HCO_3 - Mg \cdot Na$
H14	$Cl \cdot HCO_3 - Na \cdot Ca \cdot Mg$	H14	$HCO_3 \cdot Cl - Na$
H15	$HCO_3 \cdot Cl - Na$	H15	$Cl \cdot HCO_3 - Na \cdot Mg$
H16	$HCO_3 - Na \cdot Ca$	H16	$HCO_3 - Na \cdot Ca \cdot Mg$
H17	$HCO_3 - Na \cdot Mg$	H17	$HCO_3 - Na \cdot Mg$
H18	$HCO_3 - Mg \cdot Na$	H18	$HCO_3 - Ca \cdot Mg$
H19	$HCO_3 - Mg \cdot Na$	H19	$HCO_3 \cdot Cl - Mg \cdot Na$
H20	$HCO_3 - Ca \cdot Mg \cdot Na$	H20	$HCO_3 - Ca \cdot Na \cdot Mg$
H21	$HCO_3 \cdot Cl - Na$	H21	$HCO_3 \cdot Cl - Na \cdot Mg$

续表

丰　水　期		枯　水　期	
样品编号	水化学类型	样品编号	水化学类型
H22	$HCO_3 - Na \cdot Ca$	H22	$HCO_3 - Na \cdot Ca \cdot Mg$
H23	$HCO_3 - Ca \cdot Na$	H23	$HCO_3 - Ca \cdot Na \cdot Mg$
H24	$HCO_3 - Mg \cdot Na$	H24	$HCO_3 - Mg \cdot Na$
H29	$HCO_3 \cdot SO_4 - Na$	H29	$HCO_3 \cdot SO_4 - Na$
H32	$HCO_3 \cdot Cl \cdot SO_4 - Na$	H32	$HCO_3 \cdot Cl \cdot SO_4 - Na$
H33	$HCO_3 \cdot Cl - Na$	H33	$HCO_3 \cdot Cl - Na$
H34	$Cl \cdot SO_4 \cdot HCO_3 - Na$	H34	$Cl \cdot SO_4 - Na$

从表 10 - 6 可以看出，该区域承压水化学成分变化较大，丰水期 24 个承压水样中共出现了 15 种地下水化学类型。其中 $HCO_3 - Mg \cdot Na$ 型水样最多，有 5 个；$HCO_3 \cdot Cl - Na$ 型有 3 个；$HCO_3 \cdot SO_4 \cdot Cl - Na$ 型、$HCO_3 \cdot Cl \cdot SO_4 - Na$ 型、$HCO_3 - Na \cdot Ca$ 型各有 2 个；$HCO_3 \cdot SO_4 - Na$ 型、$HCO_3 - Na$ 型、$HCO_3 - Na \cdot Mg$ 型、$Cl \cdot HCO_3 - Na$ 型、$Cl \cdot SO_4 - Na$ 型、$Cl \cdot SO_4 - Na \cdot Ca$ 型、$Cl \cdot HCO_3 - Na \cdot Ca \cdot Mg$ 型、$HCO_3 - Ca \cdot Mg \cdot Na$ 型、$HCO_3 - Ca \cdot Na$ 型和 $Cl \cdot SO_4 \cdot HCO_3 - Na$ 型，各有 1 个。

枯水期 24 个承压水中共出现了 18 种地下水化学类型，其中 $HCO_3 - Na$ 型、$Cl \cdot SO_4 - Na$ 型、$Cl \cdot HCO_3 - Na$ 型、$HCO_3 - Ca \cdot Na \cdot Mg$ 型、$HCO_3 \cdot Cl - Na$ 型和 $HCO_3 - Na \cdot Ca \cdot Mg$ 型地下水样各有 2 个；$HCO_3 \cdot Cl \cdot SO_4 - Na \cdot Mg$ 型、$HCO_3 \cdot SO_4 - Mg \cdot Na$ 型、$Cl \cdot SO_4 \cdot HCO_3 - Mg \cdot Na$ 型、$Cl \cdot HCO_3 - Na \cdot Mg$ 型、$HCO_3 - Na \cdot Mg$ 型、$HCO_3 - Ca \cdot Mg$ 型、$HCO_3 \cdot Cl - Mg \cdot Na$ 型、$HCO_3 - Ca \cdot Mg \cdot Na$ 型、$HCO_3 - Mg \cdot Na$ 型、$HCO_3 \cdot SO_4 - Na$ 型、$HCO_3 \cdot Cl \cdot SO_4 - Na$ 型和 $HCO_3 \cdot Cl - Na \cdot Mg$ 型各有一个。

总的来看，该区承压水阳离子以 Na^+ 和 Mg^{2+} 为主，阴离子以 HCO_3^- 和 Cl^- 为主。降水对该区地下水化学类型影响较大，在丰、枯水期均采集水样的 24 口井中，仅有 6 口井（H7、H17、H24、H29、H32 和 H33）的水化学类型保持不变，其他 18 口井均发生了变化。相对潜水来说，承压水没有出现含有硝酸根类型的地下水。

三、潜水 piper 三线图分类

前已述及，研究区丰、枯水期潜水各采集的 29 个水样均是在同一口水井中进行重复采集，因此通过 piper 三线图并结合当地水文地质条件可以对该区丰、枯水期潜水水化学变化特征进行分析（图 10 - 16、表 10 - 7）。分析发现，该区丰水期

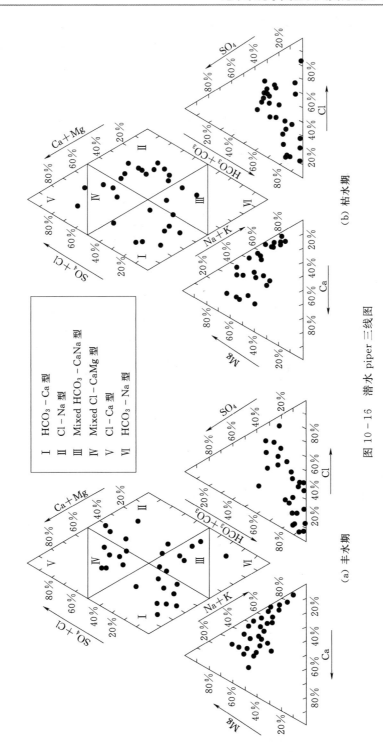

图 10 - 16 潜水 piper 三线图

潜水水化学类型主要为 $HCO_3 - Na$ 型，共有 12 个；其次为 $HCO_3 - Ca$ 型和 $Cl - Na$ 型，各有 7 个；其余 3 个为 $Cl - Ca$ 型水。该区枯水期潜水水化学类型主要为 $Cl - Na$ 型，共有 13 个；其次为 $HCO_3 - Na$ 型和 $HCO_3 - Ca$ 型，分别有 8 个和 6 个；其余 2 个为 $Cl - Ca$ 型水。

表 10-7　　　　　　　　　　　　潜水 piper 三线图水化学类型

丰水期		枯水期	
样品编号	水化学类型	样品编号	水化学类型
Q1	$Cl - Ca$	Q1	$Cl - Ca$
Q3	$Cl - Ca$	Q3	$HCO_3 - Na$
Q4	$Cl - Na$	Q4	$Cl - Na$
Q6	$HCO_3 - Ca$	Q6	$HCO_3 - Ca$
Q7	$Cl - Na$	Q7	$HCO_3 - Na$
Q8	$HCO_3 - Ca$	Q8	$Cl - Na$
Q10	$HCO_3 - Na$	Q10	$HCO_3 - Na$
Q11	$HCO_3 - Na$	Q11	$HCO_3 - Ca$
Q12	$HCO_3 - Ca$	Q12	$HCO_3 - Ca$
Q13	$HCO_3 - Na$	Q13	$Cl - Na$
Q14	$HCO_3 - Na$	Q14	$Cl - Na$
Q15	$HCO_3 - Na$	Q15	$Cl - Na$
Q16	$HCO_3 - Na$	Q16	$Cl - Na$
Q17	$HCO_3 - Ca$	Q17	$HCO_3 - Ca$
Q18	$HCO_3 - Ca$	Q18	$HCO_3 - Na$
Q19	$HCO_3 - Ca$	Q19	$HCO_3 - Ca$
Q20	$Cl - Ca$	Q20	$Cl - Na$
Q21	$HCO_3 - Na$	Q21	$Cl - Na$
Q22	$HCO_3 - Na$	Q22	$HCO_3 - Na$
Q23	$HCO_3 - Ca$	Q23	$HCO_3 - Ca$
Q24	$HCO_3 - Na$	Q24	$HCO_3 - Na$
Q25	$HCO_3 - Na$	Q25	$HCO_3 - Na$
Q29	$Cl - Na$	Q29	$Cl - Na$
Q30	$Cl - Na$	Q30	$Cl - Na$
Q33	$HCO_3 - Na$	Q33	$Cl - Ca$
Q34	$HCO_3 - Na$	Q34	$HCO_3 - Na$
Q35	$Cl - Na$	Q35	$Cl - Na$
Q38	$Cl - Na$	Q38	$Cl - Na$
Q39	$Cl - Na$	Q39	$Cl - Na$

从表 10-7 可以看出，潜水水化学类型受丰、枯水期季节变化影响明显，发生变化的 11 口井中有 7 口井由丰水期 $HCO_3 - Na$ 型变为枯水期 $Cl - Na$ 或型。这可能是由于丰水期降水带来的 CO_2 进入潜水含水层，岩体中的长石、方解石、白云石等矿物在水岩相互作用下发生溶解，释放出 Na^+ 和 HCO_3^-［式（10-3）］，形成 $HCO_3 - Na$ 型水；而枯水期降水明显减少，蒸发浓缩作用强烈，水中

HCO_3^-、SO_4^{2-} 以沉淀形式析出,故枯水期潜水水化学类型变为了 $Cl-Na$ 型。

$$Na_{0.62}Ca_{0.38}Al_{1.38}Si_{2.62}O_8+1.38CO_2+4.55H_2O=$$
$$0.69Al_2Si_2O_5(OH)_4+0.62Na^++0.38Ca^{2+}+1.24H_4SiO_4+1.38HCO_3^-$$

$$(10-3)$$

四、承压水 piper 三线图分类

研究区丰、枯水期承压水各采集的 24 个水样均是在同一口水井中进行重复采集,因此通过 piper 三线图并结合当地水文地质条件可以对该区丰、枯水期承压水水化学变化特征进行分析(图 10-17、表 10-8)。分析发现,该区丰水期承压水水化学类型主要为 HCO_3-Na 型,共有 13 个;其次为 HCO_3-Ca 型和 $Cl-Na$ 型,分别有 6 个和 5 个。该区枯水期承压水水化学类型主要为 HCO_3-Na,共有 10 个;其次为 HCO_3-Ca 型和 $Cl-Na$ 型,分别有 7 个和 6 个;其余 1 个为 $Cl-Ca$ 型水。

表 10-8　　　　　　　　　　承压水 piper 三线图水化学类型

丰　水　期		枯　水　期	
样品编号	水化学类型	样品编号	水化学类型
H1	HCO_3-Na	H1	$Cl-Na$
H4	HCO_3-Na	H4	$Cl-Na$
H5	HCO_3-Ca	H5	HCO_3-Na
H6	HCO_3-Ca	H6	HCO_3-Ca
H7	$Cl-Na$	H7	$Cl-Na$
H9	$Cl-Na$	H9	$Cl-Na$
H10	HCO_3-Na	H10	HCO_3-Na
H11	HCO_3-Na	H11	HCO_3-Ca
H13	$Cl-Na$	H13	$Cl-Ca$
H14	$Cl-Na$	H14	HCO_3-Na
H15	HCO_3-Na	H15	$Cl-Na$
H16	HCO_3-Na	H16	HCO_3-Na
H17	HCO_3-Na	H17	HCO_3-Na
H18	HCO_3-Na	H18	HCO_3-Na
H19	HCO_3-Ca	H19	HCO_3-Ca
H20	HCO_3-Ca	H20	HCO_3-Ca
H21	HCO_3-Na	H21	HCO_3-Na
H22	HCO_3-Na	H22	HCO_3-Na
H23	HCO_3-Ca	H23	HCO_3-Na
H24	HCO_3-Ca	H24	HCO_3-Ca
H29	HCO_3-Na	H29	HCO_3-Na
H32	HCO_3-Na	H32	HCO_3-Na
H33	HCO_3-Na	H33	HCO_3-Na
H34	$Cl-Na$	H34	$Cl-Na$

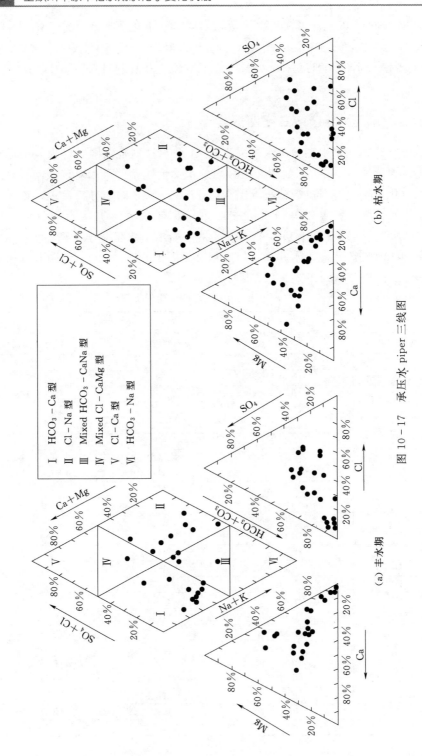

图 10 - 17 承压水 piper 三线图

从表 10-8 可以看出，承压水水化学类型受丰、枯水期变化影响较小，仅 8 口井水化学类型发生了变化，但总体变化趋势仍由丰水期 $HCO_3 - Na$ 型变为枯水期 $Cl - Na$ 型。相比潜水，承压水与外界进行水量交换更为复杂，但在一定时空条件下，承压水化学类型也受水岩相互作用和蒸发浓缩作用控制，其变化也与丰、枯水期的季节变化密切相关。

第五节 小 结

季节变化对地下水水质的影响主要为降水、温度及农业活动等随季节变化综合作用的结果。其中降水对沉积物中可溶盐的淋滤和对地下水中盐分的稀释作用的相对强弱，是导致丰、枯水期地下水宏量离子浓度发生变化的主要原因。根据舒卡列夫分类潜水样的 29 口水井中，有 11 口井的水化学类型随季节发生变化；承压水采集水样的 24 口井中，有 8 口井的水化学类型发生变化。降水的偏酸性对潜水 pH 值的季节变化有明显影响。

雨季，随降水进入地下水中的 CO_2 使含水层介质中的硅铝酸盐岩容易发生水解，分离出 HCO_3^-，是部分区域 HCO_3^- 浓度明显升高的主要原因；在枯水季节，随着 CO_2 的消耗，地下水中的 HCO_3^- 和 Ca^{2+} 结合形成沉淀，使 HCO_3^- 和 Ca^{2+} 浓度均明显降低。

随降水进入地下水中的溶解氧氧化地下水及含水层中的有机质，当这些有机质中富含硫化物时，就会使地下水中的硫酸盐浓度升高。在枯水季节，随着溶解氧的消耗，地下水的还原性增强，这时候部分硫酸盐在硫酸还原菌的作用下，参与有机物的氧化分解，本身被还原，导致其浓度降低。

同时，雨季地表污染物容易随降水进入潜水含水层，这是导致雨季平原中部地下水位埋深浅的区域 COD_{Mn} 和氨氮浓度升高的主要原因。

第十一章 结论及建议

第一节 结 论

本书以土默川平原地下水为研究对象，通过资料收集、野外勘察、采样分析、实验、模拟，应用地下水流动系统理论，结合水文地球化学分析方法，对区域水化学特征、高氟和高砷水成因、丰枯水期地下水化学变化特征进行了研究。主要具体结论如下：

（1）土默川平原区在构造上属于一个大幅度沉降菱形断拗陷盆地，沉积有巨厚的白垩系—第四系地层。地下水以第四系孔隙含水系统为主，平原外围分布有小面积的玄武岩孔隙—裂隙含水系统、新近系—古近系砂岩裂隙含水系统和白垩系砂岩孔隙—裂隙含水系统。从含水层结构上来看，平原区外围山前地带以较粗粒径的冲洪积物为主，形成了上下连通的单一结构潜水含水层；中更新世晚期湖相沉积形成了稳定的淤泥层，将平原区第四系孔隙含水系统分割为浅层含水层和承压含水层。

（2）土默川平原地下水资源分布总体上受地形地貌和含水层介质类型影响，大青山和蛮汉山山前倾斜平原的单层结构含水层，水化学类型简单、水量丰富、水质好，是区域主要的地下水可利用资源分布区；向平原中部及西南部，含水层分为潜水和承压水，潜水含盐量高，并大面积分布高砷、高氟水，水质差，可开发利用的水资源量较小，承压水在局部区域水资源丰富、水质较好可以作为生活饮用水开发。

（3）土默川平原潜水水化学特征受蒸发浓缩和水—岩相互作用影响，其中北部和东部山前倾斜平原一带，属于区域地下水的补给径流区，地下水水质主要受水—岩相互作用影响；冲湖积平原区主要受蒸发浓缩作用影响。承压水除了湖积台地区域均表现为受水—岩相互作用影响。潜水和承压水，宏量离子的平均质量浓度排序相同，阴离子均为 HCO_3^- 最高，其次为 Cl^-、SO_4^{2-}；阳离子为 Na^+ 最高，其次为 Ca^{2+}、Mg^{2+}、K^+。

（4）整个土默川平原地下水呈现弱碱性，潜水 pH 值平均为 7.8，承压水为 7.9。平原中部冲湖积含水层 COD_{Mn} 含量高，特别受湖相淤泥质沉积物的影响，承压水 COD_{Mn} 平均浓度较潜水高 0.2mg/L。潜水氧化还原电位（Eh 值）为 $-186\sim$ 170mV，平均值为 -22mV；承压水为 $-207\sim210$mV，平均值为 -4mV。

COD_{Mn} 表现为从山前倾斜平原向中部冲湖积平原逐渐升高的趋势，而 Eh 值的变化恰恰相反。

（5）受地下水流动影响，山前倾斜平原地带地下水处于氧化环境，地下水中的氮化物主要为硝态氮，浓度多在 20mg/L 以上；中部平原区地下水呈现较强的还原环境，地下水中氮污染物主要为铵态氮，浓度基本达到 0.2mg/L 以上，最高浓度在 20mg/L 以上。相关性分析表明，潜水和承压水中硝态氮浓度均与 pH 值和 COD_{Mn} 呈负相关，与 Eh 值呈正相关；潜水和承压水中铵态氮浓度均与 pH 值和 COD_{Mn} 呈正相关，与 Eh 值呈负相关。平原中部畜牧养殖废物的无序排放是导致局部区域 COD_{Mn} 和铵氮浓度异常升高的主要原因；东南部黑城区域数百家豆腐作坊生产废水，未经处理随意排放是导致这些地方地下水中氮化物浓度较高的主要污染源。

（6）土默川平原高氟水主要分布于东南部的湖积台地区域。新近系中新世以来蛮汉山多次玄武岩喷发、平原外围大青山和蛮汉山的基岩中含有富氟矿物，为区域高氟水的形成提供了物质来源；地下水的弱碱性环境、高 Na^+、低 Ca^{2+} 是高氟水形成的重要原因；地下水排泄区水位埋深浅，蒸发强烈使氟化物在这些地方进一步富集。

（7）土默川平原高砷水的形成与黄河和大黑河对砷化物的搬运作用有密切的关系。潜水的高砷分布区基本上位于大青山冲洪积扇扇缘以南，以哈素海为中心的现代黄河冲积、湖积平原区，最高浓度达 200.3μg/L；承压水高砷区主要分布于大黑河、什拉乌素河冲湖积平原与湖积台地接壤处，最高浓度达 162.3μg/L。高砷地下水的主要特征是 pH 值为 7.8～8.2 的弱碱性水；地下水的氧化还原电位在 −50mV 以下。富含有机质及可溶盐的还原性沉积环境为砷化物在本区富集提供了条件，同时受地下水径流条件及铁、锰氧化物和氢氧化物还原性溶解以及 HCO_3^- 的竞争吸附影响。

（8）淋滤实验发现，pH 值为 8.04～8.33 的弱碱性环境，最有利于砷化物的释出，过高或过低的 pH 值（为 4～12）均对砷化物的释出有抑制作用。随土壤和地下水中盐含量（TDS）的升高，有利于砷化物从土壤中的释出，特别是 TDS 浓度大于 3000mg/L 以上时盐效应作用明显。土默川平原包气带的砂黏土对砷化物有良好的富集作用，在表层土壤中的砷向下持续运移 15 年后才能进入含水层。影响包气带中砷的扩散与富集的主要因素为含水率与土壤吸附分配系数的变化，较高的含水率与较低的吸附分配系数更有利于土壤中砷化物的运移。

（9）降水对沉积物中可溶盐的淋滤和对地下水中盐分的稀释作用的相对强弱，是导致丰枯水期地下水各离子浓度变化的主要原因。根据舒卡列夫分类潜水样的 29 口水井中，有 11 口井的水化学类型随季节发生变化；承压水采集水样的 24 口井中，有 8 口井的水化学类型发生变化。降水的偏酸性对潜水 pH 值的季节变化有明显影响。雨季地表污染物容易随降水进入潜水含水层，这是导致雨季平原中部地下水位埋深浅的区域 COD_{Mn} 和氨氮浓度升高的主要原因。

第二节 建议及展望

一、建议

干旱、半干旱地区的水资源短缺问题已经成为制约区域经济可持续发展的瓶颈。有限的地下水资源在无序开发、工农业生产污染及天然劣质水扩张的影响下可利用量日益萎缩。土默川平原人口集中、工农业生产密集，为维持经济发展和生态环境稳定及承接东部重化工产能的转移，目前大量地开采地下水作为工农业生产用水。

基于本书研究，从水文地质学角度对土默川平原水资源开发利用提出以下建议：

总体思路是因地制宜，分区控制，优化开发布局。

首先，通过合理布井和优化开采量达到控制平原中部土壤盐渍化区域潜水位的目的，以减少蒸发量，淡化地下水，使其逐步转化为可利用的优质水源。

其次，研究开发在地下水量丰富，但氟化物和砷化物超标的区域（虽然超标，但相对含量很低），利用人工干预，改变原有地下水流动系统的特征，研究地下水质向有利于人类饮用方向演化的技术方法。

再次，集中开发无法饮用的高氟、高砷、高氮及高盐水作为工、农业用水，人为造就地下水降落漏斗，加速地下水的循环和更新速度，以期在一定程度上达到改善水质的目的。

最后，对山前倾斜平原带的优质地下水资源应合理规划，避免过度开采导致的劣质水入侵（如哈素海北部的高砷水、山前冲洪积扇扇缘的高盐水），减少在山区建设截伏流及水库等工程，在有条件的地区构建人工设施积极利用雨季的山洪补充地下水。

二、展望

强烈人工干预下的地下水流动系统变化，已经成为影响局部乃至区域水资源平衡、地表植被生态功能演化及更替的主要驱动力。地下水开发活动是人为改变自然系统的过程，地下水显现的生态地质环境负效应是自然地质环境系统向自然—人工复合系统转化过程中各种响应的综合。近年来由于经济活动的加剧，人口集中的干旱半干旱地区已经成为当今世界水环境恶化最严重的区域。

本书虽揭示了半干旱区地下水水文地球化学演化规律、高氟高砷水富集成因、氮化物污染及其影响因素及季节变化对地下水水质影响的机制，但对如何在人为控制下使地下水水质向有利于人类使用方向演化未做深入探讨。

以流域或完整的水文地质单元为单位，有意识地系统规划水资源的开发是保证水资源可持续利用的基础。如何在开发利用地下水的同时不产生新的生态环境地质问题，甚至使水环境向有利于人类使用的功能演化；在自然环境系统中，通过经济可行的人工干预，使地下水中对人体有害的元素（如氟、砷）固化或降低其可迁移性；优化地表水和地下水的联合调度，维持区域生态环境的稳定；通过合理布井、优化开采，有目的地控制某一特定区域地下水流动系统的特征，使其水量可持续、水质有好转的技术方法是未来水文地质工作面向社会需求的研究重点。

参 考 文 献

［1］ 刘晓波，董少刚，刘白薇，等. 内蒙古土默川平原地下水水文地球化学特征及其成因 [J]. 地球学报，2017（6）：76-86.

［2］ 郭华明，郭琦，贾永锋，等. 中国不同区域高砷地下水化学特征及形成过程 [J]. 地球科学与环境学报，2013，35（3）：83-96.

［3］ 沈照理，郭华明，徐刚，等. 地下水化学异常与地方病 [J]. 自然杂志，2010，32（2）：83-89.

［4］ 董少刚，贾志斌，刘白薇，等. 干旱区井工开采煤矿山生态水文地质演化研究——以鄂尔多斯某煤矿为例. 工程勘察，2013（2）：45-48.

［5］ 王超，董少刚，贾志斌，等. 草原露天煤矿区植被对地下水位埋深变化响应研究 [J]. 生态学报，2020（19）：1-13.

［6］ 李政葵，夏蔓宏，董少刚，等. 洛阳盆地浅层地下水化学特征及其演化特征分析 [J]. 地球与环境学报，2019（47）：1-7.

［7］ 宋献方，李发东，于静洁，等. 基于氢氧同位素与水化学的潮白河流域地下水水循环特征 [J]. 地理研究，2007（1）：11-21.

［8］ 李凡，李家科，马越，等. 地下水数值模拟研究与应用进展 [J]. 水资源与水工程学报，2018（1）：99-104.

［9］ Dong S，Feng H，Xia M，et al. Spatial-temporal evolutions of groundwater environment in prairie opencast coal mine area：a case study of Yimin Coal Mine，China [J]. Environmental Geochemistry and Health，2020，（42）：3101-3118.

［10］ Chatterjee D，Kundu A，Saha D，et al. Groundwater arsenic in the Bengal Delta Plain：geochemical and geomorphological perspectives [J]. Procedia Earth and Planetary Science，2017，17：622-625.

［11］ Kagabu M，Matsunaga M，Ide K，et al. Groundwater age determination using [85]Kr and multiple age tracers（SF6，CFCs，and 3H）to elucidate regional groundwater flow systems [J]. Journal of Hydrology：Regional Studies，2017，12：80-165.

［12］ 郭华明，倪萍，贾永锋，等. 内蒙古河套盆地地表水-浅层地下水化学特征及成因 [J]. 现代地质，2015（2）：229-237.

［13］ 朱海勇，陈永金，刘加珍，等. 塔里木河中下游地下水化学及其演变特征分析 [J]. Arid Land Geography，2013，36（1）：8-18.

［14］ 周嘉欣，丁永建，曾国雄，等. 疏勒河上游地表水水化学主离子特征及其控制因素 [J]. 环境科学，2014，35（9）：3315-3324.

［15］ 董少刚，唐仲华，马腾，等. 太原盆地地下水数值模拟 [J]. 水资源保护，2009，25（2）：25-27+94.

［16］ 董少刚，唐仲华，刘白薇，等. 大同盆地地下水数值模拟及水资源优化配置评价 [J]. 工程勘察，2008（3）：30-35.

［17］ 黄昕霞，董少刚，唐仲华，等. 运城盆地地下水数值模拟与预测 [J]. 资源环境与工

程，2007（4）：402 - 406.

[18] LI Lulu，SU Chen，HAO Qichen，etc. Numerical simulation of response of groundwater flow system in inland basin to density changes ［J］. Journal of Groundwater Science and Engineering，2018，1：7 - 17.

[19] 董少刚，刘白薇，唐仲华. 太原市地面沉降数值模拟 ［J］. 水资源保护，2010，26（6）：19 - 22.

[20] 王建红，余启明，杨俊仓. 基于 ArcGIS 和 Visual MODFLOW 的黑河流域中游平原区地下水流数值模拟与预测 ［J］. 安全与环境工程，2016，23（1）：80 - 87.

[21] 赵芳，田质胜，冯一鸣，等. 变化环境下的地下水动态响应研究进展 ［J］. 济南大学学报（自然科学版），2020，34（1）：69 - 75.

[22] Shu Yunqiao；Villholth Karen G. Jensen Karsten H. Integrated hydrological modeling of the North China Plain：Options for sustainable groundwater use in the alluvial plain of Mt. Taihang ［J］. Hydrological Processes，2006，20（13）：2787 - 2802.

[23] 周雨泽，董少刚，李铱，等. 尾矿库渗滤液对地下水污染的数值模拟研究 ［J］. 湖南师范大学自然科学学报：2019，42（5）：10 - 16.

[24] Jyrkama M I，Sykes J F. The impact of climate change on spatially varying groundwater recharge in the grand river watershed（Ontario）［J］. Journal of Hydrology，2012，464（5）：79 - 93.

[25] 林艳竹. 基于数值模拟的长期气候条件下华北平原地下水响应研究 ［D］. 北京：中国地质大学（北京），2015.

[26] 郑晓艳. 关中盆地地下水对气候变化的响应研究 ［D］. 西安：长安大学，2012.

[27] 夏蔓宏，董少刚，刘白薇，等. 典型草原露天煤矿区地下水-湖泊系统演化 ［J］. 湖泊科学，2020，32（1）：187 - 197.

[28] 冯海波，董少刚，张涛，等. 典型草原露天煤矿区地下水环境演化机理研究 ［J］，水文地质工程地质，2019，46（1）：171 - 180.

[29] 邢芳，徐世光，李俊，等. 基于 GMS 的云南某大型水库地下水流场变化预测研究 ［J］. 矿产与地质，2017，31（3）：625 - 629.

[30] 马青山，骆祖江. 沧州市地下水允许开采量研究 ［J］. 工程勘察，2015，43（4）：49 - 55.

[31] Abolfazl Rezaei，Zargham Mohammadi. Annual safe groundwater yield in a semiarid basin using combination of water balance equation and water table fluctuation ［J］. Journal of African Earth Sciences，2017，134：241 - 248.

[32] 周永德，张世佑，李洪利. 大小凌河地表水对扇地地下水的补给分析 ［J］. 东北水利水电，2009，27（4）：43 - 45.

[33] 谭秀翠，杨金忠，宋雪航，等. 华北平原地下水补给量计算分析 ［J］. 水科学进展，2013，24（1）：73 - 81.

[34] 李鹏，许海丽，潘云，等. 北京市平原区地下水补给量计算方法对比研究 ［J］. 水文，2017，37（2）：31 - 35.

[35] Gleeson T，Wada Y，Bierkens M F，et al. Water balance of global aquifers revealed by groundwater footprint ［J］. Nature，2012，488（7410）：197 - 200.

[36] Laurent Esnault，Tom Gleeson，Yoshihide Wada，et al. Linking groundwater use and

stress to specific crops using the groundwater footprint in the Central Valley and High Plains aquifer systems, U. S. [J]. Water Resources Research, 2014, 50 (6).

[37] 张凯, 周婕, 赵杰, 等. 华北平原主要种植模式农业地下水足迹研究——以河北省吴桥县为例 [J]. 中国生态农业学报, 2017, 25 (3): 328 – 336.

[38] Bertrand G, Goldscheider N, Gobat J M, et al. Review: From multi – scale conceptualization to a classification system for inland groundwater – dependent ecosystems [J]. Hydrogeology Journal, 2012, 20 (1): 5 – 25.

[39] 陈伟涛, 孙自永, 王焰新, 等. 论内陆干旱区依赖地下水的植被生态需水量研究关键科学问题 [J]. 地球科学 (中国地质大学学报), 2014, 39 (9): 1340 – 1348.

[40] 孙栋元, 胡想全, 金彦兆, 等. 疏勒河中游绿洲天然植被生态需水量估算与预测研究 [J]. 干旱区地理, 2016, 39 (1): 154 – 161.

[41] 胡广录, 赵文智. 干旱半干旱区植被生态需水量计算方法评述 [J]. 生态学报, 2008, 28 (12): 6282 – 6291.

[42] 魏华. 植被生态需水理论及计算研究进展 [J]. 现代农业科技, 2018 (2): 179 – 182.

[43] 白元, 徐海量, 张青青, 等. 基于地下水恢复的塔里木河下游生态需水量估算 [J]. 生态学报, 2015, 35 (3): 630 – 640.

[44] 彭飞, 何新林, 刘兵, 等. 干旱区荒漠植被生态需水量计算方法研究 [J]. 节水灌溉, 2017 (12): 90 – 93.

[45] 张宗祜, 沈照理, 薛禹群, 等. 华北平原地下水环境演化 [M]. 北京: 地质出版社, 2000.

[46] 王瑞, 卞建民, 张真真, 等. 松嫩平原哈尔滨地区地下水化学特征及污染状况 [J]. 吉林农业大学学报, 2014, 36 (6): 690 – 696.

[47] 王周锋, 郝瑞娟, 杨红斌, 等. 水岩相互作用的研究进展 [J]. 水资源与水工程学报, 2015 (3): 210 – 216.

[48] 《水文地球化学研究进展》编辑部组. 水文地球化学研究进展 [M]. 北京: 地质出版社, 2012.

[49] 刘白薇, 董少刚, 唐仲华, 等. 内蒙古土默川平原地下水化学季节性变化特征 [J]. 工程勘察, 2020, 48 (5): 34 – 40.

[50] Liu F, Song X, Yang L, et al. Identifying the origin and geochemical evolution of groundwater using hydrochemistry and stable isotopes in the Subei Lake basin, Ordos energy base, Northwestern China [J]. Hydrology and Earth System Sciences, 2015, 19 (1): 551 – 565.

[51] 董少刚, 刘白薇, 唐仲华. 嘉兴垃圾填埋场渗滤液的土柱淋滤实验研究 [J]. 工程勘察, 2010 (7): 42 – 45.

[52] 张人权, 梁杏, 万力, 等. 水文地质学基础 [M]. 6 版. 北京: 地质出版社, 2010.

[53] Shi X, Wang Y, Jiao J, et al. Assessing major factors affecting shallow groundwater geochemical evolution in a highly urbanized coastal area of Shenzhen City, China [J]. Journal of Gcochemical Exploration, 2018, 184: 17 – 27.

[54] Kaur L, Rishi M S, Shamarma S, et al. Hydrogeochemical characterization of groundwater in alluvial plains of river Yuna in northern India: An insight of controlling processes [J]. Journal of King Saud University – Science, 2019: 1 – 9.

[55] 宋长春，邓伟. 吉林西部地下水特征及其与土壤盐渍化的关系 [J]. 地理科学，2000，20（3）：246-250.

[56] 郇环，王金生，翟远征，等. 北京平原区永定河冲洪积扇地下水水化学特征与演化规律 [J]. 地球学报，2011，32（3）：357-366.

[57] 李向全，侯新伟，周志超，等. 太原盆地地下水系统水化学特征及形成演化机制 [J]. 现代地质，2009，23（1）：1-8.

[58] 王磊，董少刚，王雪欣，等. 内蒙古托克托县"神泉"水文地球化学特征及成因研究 [J]. 干旱区研究，2020，37（5）：1140-1147.

[59] 吴春勇，苏小四，郭金森，等. 鄂尔多斯沙漠高原白垩系地下水水化学演化的多元统计分析 [J]. 世界地质，2011，30（2）：244-253.

[60] 安乐生，赵全升，叶思源，等. 黄河三角洲浅层地下水化学特征及形成作用 [J]. 环境科学，2012，33（2）：370-378.

[61] 丁宏伟，张举. 河西走廊地下水水化学特征及其演化规律 [J]. 干旱区研究，2005，22（1）：24-28.

[62] 章光新，邓伟，何岩，等. 中国东北松嫩平原地下水水化学特征与演变规律 [J]. 水科学进展，2006，17（1）：20-28.

[63] 侯庆秋，董少刚，张旻玮. 内蒙古四子王旗浅层地下水水化学特征及其成因 [J]. 干旱区资源与环境，2020，34（4）：116-121.

[64] Chen Liuzhu, Ma Teng, Du Yao, et al. Origin and evolution of formation water in North China Plain based on hydrochemistry and stable isotopes（^{2}H,^{18}O,^{37}Cl and ^{81}Br）[J]. Journal of Geochemical Exploration, 2014, Vol. 145：250-259.

[65] 苏春利，张雅，马燕华，等. 贵阳市岩溶地下水水化学演化机制：水化学和锶同位素证据 [J]. 地球科学，2019，44（9）：2829-2838.

[66] Cary Lise, Petelet-Giraud Emmanuelle, Bertrand Guillaume, et al. Origins and processes of groundwater salinization in the urban coastal aquifers of Recife（Pernambuco, Brazil）：A multi-isotope approach [J]. The Science of the Total Environment, 2015, Vol. 530-531：411-429.

[67] 滕彦国，左锐，王金生，等. 区域地下水演化的地球化学研究进展 [J]. 水科学进展，2010，21（1）：127-136.

[68] 贾永锋，郭华明. 高砷地下水研究的热点及发展趋势 [J]. 地球科学进展，2013，28（1）：51-61.

[69] 张福存，文冬光. 中国主要地方病区地质环境研究进展与展望 [J]. 中国地质，2010.37（3）：552-561.

[70] Luu T T G，S Sthiannopkao. Arsenic and other trace elements contamination in groundwater and a risk assessment study for the residents in the Kandal Province of Cambodia [J]. Environment International, 2009（35）：455-460.

[71] Ayotte J D，Belaval M，Olson S A，et al. Factors affecting temporal variability of arsenic in groundwater used for drinking water supply in the United States. [J]. Science of the Total Environment, 2015, 505：1370-1379.

[72] 高存荣，李朝星，周晓虹，等. 河套平原临河区高砷地下水分布及水化学特征 [J]. 水文地质工程地质，2008，35（6）：22-28.

［73］ 何薪，马腾，王焰新，等. 内蒙古河套平原高砷地下水赋存环境特征［J］. 中国地质，2010，37（3）：781－788.

［74］ 郭华明，杨素珍，沈照理. 富砷地下水研究进展［J］. 地球科学进展，2007，22（11）：1109－1117.

［75］ Williams M，Fordyce F，Paijitprapapon A，et al. Arsenic contamination in surface drainage and groundwater in part of the southeast Asian tin belt，Nakhon Si Thammarat Province，southern Thailand［J］. Environmental Geology，1996，27（1）：16－33.

［76］ 赵凯，郭华明，高存荣. 北方典型内陆盆地高砷地下水的水化学特征及处理技术［J］. 现代地质，2015（2）：351－360.

［77］ 罗婷，景传勇. 地下水砷污染形成机制研究进展［J］. 环境化学，2011，30（1）：77－83.

［78］ 王焰新，苏春利，谢先军，等. 大同盆地地下水砷异常及其成因研究［J］. 中国地质，2010，37（3）：771－780.

［79］ 曹文庚. 河套平原典型剖面地下水砷分布规律及其影响因素研究［D］. 郑州：华北水利水电学院，2011.

［80］ Muhammad S，Khan N N，Camille D，et al. A meta－analysis of the distribution，sources and health risks of arsenic－contaminated groundwater in Pakistan［J］. Environmental Pollution，2018：307－319.

［81］ 王刚. 郑州市北郊水源地高砷地下水的分布与形成机理初步研究［D］. 青岛：青岛理工大学，2011.

［82］ Abdul K S M，Jayasinghe S S，Chandana E P S，et al. Arsenic and human health effects：A review［J］. Environmental toxicology and pharmacology，2015，40（3）：828－846.

［83］ Chakraborti D，Rahman M M，Das B，et al. Groundwater arsenic contamination and its health effects in India［J］. Hydrogeology Journal，2017，25（4）：1165－1181.

［84］ 刘桂秋，张鹤飞. 富砷地下水分布区环境特征［J］. 灾害学，2008，23（3）：67－70.

［85］ Polizzotto M L，K. B. D.，Benner S G，et al. Near－surface wetland sediments as a source of arsenic release to groundwater in Asia［J］. Nature，2008（454）：505－508.

［86］ Avila－Sandoval C，Júnez－Ferreira，Hugo，González－Trinidad，Julián，et al. Spatio－Temporal Analysis of Natural and Anthropogenic Arsenic Sources in Groundwater Flow Systems［J］. International Journal of Environmental Research and Public Health，2018，15（11）：2374－2384.

［87］ 杨素珍. 内蒙古河套平原原生高砷地下水的分布与形成机理研究［D］. 北京：中国地质大学（北京），2008.

［88］ 宁立波，冯全州，徐恒力，等. 河南省地下水中氟的分布及形成机理研究［M］. 北京：地质出版社，2015.

［89］ Harvey，C. F.，K. N. Ashfaque. Groundwater dynamics and arsenic contamination in Bangladesh［J］. Chemical Geology，2006（228）：112－136.

［90］ Chakraborti D，Rahaman M M，Ahamed S，et al. Arsenic groundwater contamination and its health effects in Patna district（capital of Bihar）in the middle Ganga plain，India［J］. Chemosphere，2016，152：520－529.

［91］ Navarro O，GONZáLEZ J，JúNEZ - FERREIRA H E，et al. Correlation of Arsenic and Fluoride in the Groundwater for Human Consumption in a Semiarid Region of Mexico ［J］. Procedia Engineering，2017，186：333 - 340.

［92］ Xie X，A Ellis. Geochemistry of redox - sensitive elements and sulfur isotopes in the high arsenic groundwater system of Datong Basin，China ［J］. Science of the Total Environment，2009（407）：3823 - 3835.

［93］ Kouras A，I Katsoyiannis. Distribution of arsenic in groundwater in the area of Chalkidiki，Northern Greece ［J］. Journal of Hazardous Materials，2007（147）：890 - 899.

［94］ Majumder S，B Nath. Size - fractionation of groundwater arsenic in alluvial aquifers of West Bengal，India：The role of organic and inorganic colloids ［J］. Science of the Total Environment，2013（468）：804 - 812.

［95］ Guo H，X Tang. Effect of indigenous bacteria on geochemical behavior of arsenic in aquifer sediments from the Hetao Basin，Inner Mongolia：Evidence from sediment incubations ［J］. Applied Geochemistry，2008（23）：3267 - 3277.

［96］ Peters S C. Arsenic in groundwaters in the Northern Appalachian Mountain belt：a review of patterns and processes ［J］. Journal of contaminant hydrology，2008，99（1）：8 - 21.

［97］ Bondu R，Cloutier V，Benzaazoua M，et al. The role of sulfide minerals in the genesis of groundwater with elevated geogenic arsenic in bedrock aquifers from western Quebec，Canada ［J］. Chemical Geology，2017：33 - 44.

［98］ Johannesson K H，J Tang. Conservative behavior of arsenic and other oxyanion - forming trace elements in an oxic groundwater flow system ［J］. Journal of Hydrology，2009（278）：13 - 28.

［99］ Itai T. Hydrological and geochemical constraints on the mechanism of formation of arsenic contaminated groundwater in Sonargaon，Bangladesh ［J］. Applied Geochemistry，2008（23）：3155 - 3176.

［100］ Sharif M U，R K Davis. Distribution and variability of redox zones controlling spatial variability of arsenic in the Mississippi River Valley alluvial aquifer，southeastern Arkansas ［J］. Journal of Contaminant Hydrology，2008（99）：49 - 67.

［101］ Zheng Y，M Stute. Redox control of arsenic mobilization in Bangladesh groundwater ［J］. Applied Geochemistry 2004（19）：201 - 214.

［102］ Phan K，Sthiannopkao S，Kim K W，et al. Health risk assessment of inorganic arsenic intake of Cambodia residents through groundwater drinking pathway ［J］. Water Research，2010，44（19）：5777 - 5788.

［103］ 刘东生，陈庆沐，余志成，等. 我国地方性氟病的地球化学问题 ［J］. 地球化学，1980（1）：13 - 22.

［104］ 王雷，张美云，罗振东. 呼和浩特盆地富砷地下水的分布，特征及防治对策 ［J］. 内蒙古民族大学学报：自然科学版，2003，18（5）：402 - 404.

［105］ 郭华明，王焰新，李永敏. 山阴水砷中毒区地下水砷的富集因素分析 ［J］. 环境科学，2003，24（4）：60 - 67.

[106] 杨素珍，郭华明. 内蒙古河套平原地下水砷异常分布规律研究 [J]. 地学前缘，2008.15（1）：242－248.

[107] 裴捍华，梁树雄，宁联元. 大同盆地地下水中砷的富集规律及成因探讨 [J]. 水文地质工程地质，2005，32（4）：65－69.

[108] 韩子夜，蔡五田，张福存. 国外高砷地下水研究现状及对我国高砷地下水调查工作的建议 [J]. 水文地质工程地质，2007，34（3）：126－128.

[109] Msonda K W M, Masamba W R L, Fabiano E. A study of fluoride groundwater occur-rence in Nathenje, Lilongwe, Malawi [J]. Physics & Chemistry of the Earth Parts A/B/C, 2007, 32 (15): 1178－1184.

[110] Armienta M A, Segovia N. Arsenic and Fluoride in the groundwater of Mexico [J]. Envir－on Geoehem Health, 2008, 30 (4): 345－353.

[111] Mazziottitagliani S, Angelone M, Armiento G, et al. Arsenic and fluorine in the Etnean vo－lcanics from Biancavilla, Sicily, Italy: environmental implications [J]. Environmental Earth Sciences, 2012, 66 (2): 561－572.

[112] Singh C K, Rina K, Singh R P, et al. Geochemical Modeling of High Fluoride Concen-tration in Groundwater of Pokhran Area of Rajasthan, India [J]. Bulletin of Environ-mental Contamination & Toxicology, 2011, 86 (2): 152－158.

[113] Singh U K, Ramanathan A L, Subramanian V. Groundwater chemistry and human health risk asse ssment in the mining region of East Singhbhum, Jharkhand, India [J]. Chemosphere, 2018, 204: 501－513.

[114] Brahman K D, Kazi T G, Baig J A, et al. Fluoride and arsenic exposure through water and grain crops in Nagarparkar, Pakistan [J]. Chemosphere, 2014, 100 (3): 182－189.

[115] 姜体胜，杨忠山，王明玉，等. 北京南部地区地下水氟化物分布特征及成因分析 [J]. 干旱区资源与环境，2012，26（3）：96－100.

[116] 左俊，符超峰. 永城市浅层地下水氟化物健康风险评价及其富集原因分析 [J]. 地球环境学报，2015（5）：323－329.

[117] 朱其顺，许光泉. 中国地下水氟污染的现状及研究进展 [J]. 环境科学与管理，2009，34（1）：42－44.

[118] 李向全，祝立人，侯新伟，等. 太原盆地浅层高氟水分布特征及形成机制研究 [J]. 地球学报，2007，28（1）：55－61.

[119] 内蒙古水文地质队. 内蒙古自治区地下水资源评价 [R]. 2002：25－26.

[120] 王文祥，何锦，张梦南，等. 张掖盆地龙首山山前高氟地下水的形成 [J]. 现代地质，2017（2）：209－214.

[121] 吕丽萍. 沧州地区地下水氟的分布特征及其演变机制 [D]. 辽宁：辽宁工程技术大学，2012.

[122] 谭保国，马玲玲. 大同盆地高氟地下水成因探讨 [J]. 山西煤炭，2018（1）：49－52.

[123] 冯海波，董少刚，史晓珑，等. 内蒙古托克托县潜水与承压水中氟化物的空间分布特征及形成机理 [J]. 现代地质，2016，30（3）：672－679.

[124] Wang H, Gu H B, Chi B M, et al. Distribution characteristics and influencing factors of nitrate pollution in shallow groundwater of Liujiang Basin [J]. Environmental Sci-

ence，2016，37（5）：1699 - 1706.

[125] Zhang M，Sun Y C，Xie Z L，et al. Distribution characteristics and source identification of organochlorine pesticides in the Karst groundwater system［J］. Environmental Science，2016，37（9）：3356 - 3364.

[126] Fantong W Y，Satake H，Ayonghe S N，et al. Geochemical provenance and spatial distribution of fluoride in groundwater of Mayo Tsanaga River Basin，Far North Region，Cameroon：implications for incidence of fluorosis and optimal consumption dose［J］. Environ Geochem Health. 2010，32：147 - 163.

[127] 冯翠娥，高存荣，王俊涛，等. 内蒙古河套平原浅层高铁高氟地下水分布与成因［J］. 地球学报，2015（1）：67 - 76.

[128] 董少刚，刘白薇，王立新，等. 半干旱地区地下水环境及生态演化研究——以呼和浩特市托克托县为例［M］. 北京：中国水利水电出版社，2016.

[129] 李世君，王新娟，周俊，等. 北京大兴区第四系高氟地下水分布规律研究［J］. 现代地质，2012，26（2）：407 - 414.

[130] 韩双宝，张福存，张徽. 中国北方高氟地下水分布特征和成因分析［J］. 中国地质，2010，37（3）：621 - 626.

[131] 秦兵，李俊霞. 大同盆地高氟地下水水化学特征及其成因［J］. 地质科技情报，2012，31（2）：106 - 111.

[132] 曹金亮. 豫东平原高氟水赋存形态及形成机理研究［D］. 武汉：中国地质大学（武汉），2013.

[133] Morales I，Villanueva - Estrada R E，Rodríguez R，et al. Geological，hydrogeological，and geothermal factors associated to the origin of arsenic，fluoride，and groundwater temperature in a volcanic environment "El Bajío Guanajuatense"，Mexico［J］. Environmental earth sciences，2015，74（6）：5403 - 5415.

[134] Chen Q，Song Z，Lu Q，et al. Fluorine contents and its characteristics of groundwater in fluorosis area in Laizhou Bay，China ［J］. Toxicological & Environmental Chemistry，2012，94（8）：1490 - 1501.

[135] 毛若愚，郭华明，贾永锋，等. 内蒙古河套盆地含氟地下水分布特点及成因［J］. 地学前缘，2016，23（2）：260 - 268.

[136] 鲁孟胜，韩宝平，武凡，等. 鲁西南地区高氟地下水特征及成因探讨［J］. 中国地质，2014，41（1）：294 - 302.

[137] Katsanou K，Siavalas G，Lambrakis N. Geochemical controls on fluoriferous groundwaters of the Pliocene and the more recent aquifers：The case of Aigion region，Greece ［J］. Journal of Contaminant Hydrology，2013，155：55 - 68.

[138] He J，An Y，Zhang F. Geochemical characteristics and fluoride distribution in the groundwater of the Zhangye Basin in Northwestern China［J］. Journal of Geochemical Exploration，2013，135：22 - 30.

[139] Wei Z，XiaoSi Su，Wen T，et al. Fluorine and arsenic contents in groundwater and their hydrochemical impact factors in Songnen Plain ［J］. South - to - North Water Transfers and Water Science & Technology，2015，26（4）：383 - 389.

[140] 李政葵，董少刚，张涛，等. 内蒙古托克托县浅层地下水氟化物和土壤水溶性氟的相

关性研究 [J]，干旱区研究。2019，36（6）：1351-1358.

[141] 吕晓立，刘景涛，周冰，等. 塔城盆地地下水氟分布特征及富集机理 [J/OL]. 地学前缘：1-12 [2021-01-29]. https：//doi. org/10.13745/j. esf. sf. 2020.10.29.

[142] Chidambaram S，Prasad M B K，Manivannan R，et al. Environmental hydrogeochemistry and genesis of fluoride in groundwaters of Dindigul district，Tamilnadu（India）[J]. Environmental Earth Sciences，2013，68（2）：333-342.

[143] Daniele L，Corbella M，Vallejos A，et al. Geochemical simulations to assess the fluorine origin in Sierra de Gador groundwater（SE Spain）[J]. Geofluids，2013，13（2）：194-203.

[144] Kundu N，Panigrahi M，Tripathy S，et al. Geochemical appraisal of fluoride contamination of groundwater in the Nayagarh District of Orissa，India [J]. Environmental Geology，2001，41（3-4）：451-460.

[145] Rafique T，Naseem S，Usmani T H，et al. Geochemical factors controlling the occurrence of high fluoride groundwater in the Nagar Parkar area，Sindh，Pakistan [J]. Journal of Hazardous Materials，2009，171（1-3）：424-430.

[146] Jacks G，Bhattacharya P，Chaudhary V，et al. Controls on the genesis of some high-fluoride groundwaters in lndia [J]. Applied Geochemistry，2005，20（2）：221-228.

[147] Salifu B，Petrusevski K，Ghebremichael. Multivarlate statistical analysis for fluoride occurrence in groundwater in the Northern region of Ghana [J]. Journal of Contaminant Hydrology，2012，140-141：34-44.

[148] Valenzuela-Vasquez L，Ramirez-Hernandez J，Reyes-Lopez J，et al. The origin of fluoride in groundwater supply to Hermosiĺlo City，Sonora，Mexico [J]. Environmental Geology，2006，51（1）：17-27.

[149] 史晓珑. 呼包坳陷东部地下水类型及高氟水分布成因研究 [D]. 呼和浩特：内蒙古大学，2013.

[150] 李海霞，罗汉金，赤井纯治. 内蒙古苏尼特地下水氟污染形成机理研究 [J]. 水文地质工程地质，2008，6：107-111.

[151] 王雨山，程旭学. 清水河平原上游承压地下水氟空间变异和形成机理 [J]. 干旱区资源与环境，2015（12）：170-176.

[152] 邢丽娜，郭华明，魏亮，等. 华北平原浅层含氟地下水演化特点及成因 [J]. 地球科学与环境学报，2012（4）：61-71.

[153] 韩占涛，张发旺，桂建业. 盐池地区高氟地下水成因与低氟水找水方向研究 [J]. 干旱区资源与环境，2009.23（12）：151-156.

[154] 陈格君，周文斌，甘招娣. 环鄱阳湖区地下水中氟含量特征及成因分析 [J]. 中国农村水利水电，2013，1：31-34.

[155] 万继涛，郝奇琛，巩贵仁. 鲁西南地区高氟水分布规律与成因分析 [J]. 现代地质. 2013，27（2）：448-453.

[156] 李晓颖，孙铁珩，孙丽娜，等. 彰武县浅层地下水氟污染特征及成因分析 [J]. 河北农业科学，2009，13（12）：47-49.

[157] Gao X，Wang Y，Li Y，et al. Enrichment of fluoride in groundwater under the impact of saline water intrusion at the salt lake area of Yuncheng basin，northern China [J].

Environmental Geology，2007，53（4）：795－803.

[158] Dong S，Liu B，Shi X，et al. The spatial distribution and hydrogeological controls of fluoride in the confined and unconfined groundwater of Tuoketuo County，Hohhot，Inner Mongolia，China [J]. Environmental Earth Sciences，2015，74（1）：325－335.

[159] Yang Chao. Synthesis of mesoporous oxides and their use in efficientremoval of fluoride from aqueous solution [D]. Wuhan：The China University of Geosciences at Wuhan. 2011.

[160] Yarlagadda S，Gude V G，Camacho L M，et al. Potable water recovery from As，U，and F contaminated ground waters by direct contact membrane distillation process [J]. Journal of Hazardous Materials，2011，192（3）：1388－1394.

[161] Carrillo –Rivera J J，Cardona A，Edmunds W M. Use of abstraction regime and knowledge of hydrogeological conditions to control high Fuoride concentration in abstracted ground－water：San Luis Potos Âo basin. [J]. Mexico：Journal of Hydrology，2002，261（1－4）：24－47.

[162] Maliyekkal S M，Shukla S，Philip L，et al. Enhanced fluoride removal from drinking water by magnesia – amended activated alumina granules [J]. Chemical Engineering Journal，2008，140（1－3）：183－192.

[163] And X L，Shi B. Adsorption of Fluoride on Zirconium（IV）–Impregnated Collagen Fiber [J]. Environmental Science & Technology，2005，39（12）：4628－4632.

[164] Liu Q，Guo H，Shan Y. Adsorption of Fluoride on Synthetic Siderite from Aqueous Soluti－on [J]. Journal of Fluorine Chemistry，2010，131（5）：635－641.

[165] 乔光建，张均玲，唐俊智. 地下水氮污染机理分析及治理措施 [J]. 水资源保护，2004（3）：9－12＋69.

[166] 吴海燕，傅世锋，蔡晓琼，等. 东山岛地下水"三氮"空间分布特征 [J]. 环境科学，2015，36（9）：3203－3211.

[167] Burow K R，Nolan B T，RuPert M G，et al. Nitrate in grundwater of the United States，1991—2003 [J]. Environmental Sciences & teehnology，2010，44（13）：4988－4997.

[168] World Health Organization G S. Guidelines for drinking－water quality [M]. Switzerland：World Health Organization，Distribution and Sales Geneva 27CH－1211，2004.

[169] Costa J L，Massone H，Martinez D，et al. Nitrate contamination of a rural aquifer and accumulation in the unsaturated zone [J]. Agricultural Water Management，2002，57（1）：33－4.

[170] O. P. Lacall. Contribution of nitrogen and phosphorus by precipitation in the drainage basin of the Santillana Reservoir（Madrid）[J]. Environmental Geology. 1994，23（2）：99－104.

[171] Miller M A，Nap W. Fertilizer use and environmental quality [R]. Report Prepared for the Advisory Board of Ontario，Canada. 1971，40.

[172] Elena Hernández – Del Amo，Anna Menció，Gich F，et al. Isotope and microbiome data provide complementary information to identify natural nitrate attenuation processes in groundwater [J]. Science of The Total Environment，2017，613－614：579－591.

[173] Gruener N，Shuval H. Health aspects of nitrates in drinking water. ［J］ Developments in Water Quality Research. 1970：89 - 106.

[174] Shrestha A，Luo W. Analysis of Groundwater Nitrate Contamination in the Central Valley：Comparison of the Geodetector Method，Principal Component Analysis and Geographically Weighted Regression ［J］. ISPRS International Journal of Geo - Information, 2017，6（10）：297 - 297.

[175] 江德爱，王永华，唐懿达，等. 含氮化合物在土壤和地下水中的迁移转化和积累——生活污水中含氮化合物进入土壤后的动态研究 ［J］. 环境科学，1983（3）：29 - 34.

[176] Payal sampat. Groundwater quality deeriorating，vital signs 2000 ［J］. World Watch Institute，2000：124 - 125.

[177] 潘田，张幼宽. 太湖流域长兴县浅层地下水氮污染特征及影响因素研究 ［J］. 水文地质工程地质，2013，40（4）：7 - 12.

[178] 王佳音，张世涛，王明玉，等. 滇池流域大河周边地下水氮污染的时空分布特征及影响因素分析 ［J］. 中国科学院研究生院学报，2013，30（3）：339 - 346.

[179] 朱大奎，王颖，王栋，等. 长江三角洲水环境水资源研究 ［J］. 第四纪研究，2004（5）：486 - 494.

[180] 赵秀春，王成见，孟春霞. 青岛市地下水中硝酸盐氮的污染及其影响因素分析 ［J］. 水文，2008（5）：94 - 96.

[181] 孙猛，董莉莉，孙明正. 长春市地下水中氮污染分析 ［J］. 长春工程学院学报（自然科学版），2008（1）：58 - 61.

[182] 刘英华，张世熔，张素兰，等. 成都平原地下水硝酸盐含量空间变异研究 ［J］. 长江流域资源与环境，2005（1）：114 - 118.

[183] 金赞芳，王飞儿，陈英旭，等. 城市地下水硝酸盐污染及其成因分析 ［J］. 土壤学报，2004（2）：252 - 258.

[184] 邢光熹，施书莲，杜丽娟，等. 苏州地区水体氮污染状况 ［J］. 土壤学报，2001（4）：540 - 546.

[185] 储茵. 合肥市地下水硝酸盐氮污染程度及其防治对策的研究 ［J］. 安徽农业大学学报，2001（1）：98 - 101.

[186] 谢建华，刘海静，王爱武. 浅析氨氮、总氮、三氮转化及氨氮在水污染评价及控制中的作用 ［J］. 内蒙古水利，2011（5）：34 - 36.

[187] 李建政，任南琪. 污染控制微生物生态学 ［M］. 哈尔滨：哈尔滨工业大学出版社，2005.

[188] 蒋展鹏. 环境工程学 ［M］. 2版. 北京：高等教育出版社，2012.

[189] 韦玉婷. 成都地区浅层地下水中三氮含量及变化规律研究 ［D］. 成都：成都理工大学，2007.

[190] 於嘉闻，周金龙，曾妍妍，等. 新疆喀什地区东部地下水"三氮"空间分布特征及影响因素 ［J］. 环境化学，2016，35（11）：2402 - 2410.

[191] 侯珺，周金龙，曾妍妍，等. 石河子地区地下水"三氮"空间分布特征及影响因素分析 ［J］. 水资源与水工程学报，2018，29（1）：1 - 8.

[192] 李政葵，董绍勤，冯海波. 偃师市地下水化学特征及氮化物浓度分布研究 ［J］. 湖南生态科学学报，2015，2（1）：19 - 23.

[193] 王伟宁，许光泉，何晓文. 淮北平原地下水三氮浓度分布规律及其影响因素分析 [J]. 水资源保护，2010，26（2）：45-48＋52.

[194] 孙英，周金龙，曾妍妍. 新疆喀什地区西部地下水"三氮"空间分布特征及影响因素 [C]. 中国环境科学学会（Chinese Society for Environmental Sciences）. 2019 中国环境科学学会科学技术年会论文集（第三卷）. 中国环境科学学会（Chinese Society for Environmental Sciences）：中国环境科学学会，2019：396-402.

[195] 李晶. 氮污染在地下水中迁移、转化规律的研究 [J]. 环境保护科学，2010，36（1）：21-23.

[196] 陈旭良，郑平，金仁村，等. pH 值和碱度对生物硝化影响的探讨 [J]. 浙江大学学报（农业与生命科学版），2005（6）：755-759.

[197] 张瑜芳，张蔚榛，沈荣开. 排水农田氮素运移、转化及流失规律的研究 [J]. 水动力学研究与进展（A 辑），1996（3）：251-260.

[198] 李慧，王文科，段磊. 关中盆地包气带中"三氮"的分布特征及影响因素分析 [J]. 安徽农业科学，2013，41（10）：4567-4570＋4595.

[199] 刘晓晨，汪仁，孙占祥. 辽宁省三种类型作物产区饮用水硝态氮污染状况研究 [J]. 灌溉排水学报，2008（5）：9-13.

[200] 朱兆良. 合理使用化肥充分利用有机肥发展环境友好的施肥体系 [J]. 中国科学院院刊，2003（2）：89-93.

[201] 冯海波，董少刚，王立新，等. 潜水与承压水"三氮"污染空间分布及成因分析——以内蒙古托克托地区为例 [J]. 中国农村水利水电，2017（4）：91-96.

[202] 史晓珑，董少刚. 托克托县潜水氮化物浓度空间分布及其成因 [J]. 人民黄河，2016，38（8），73-76.

[203] 钱会，马致远，李培月. 水文地球化学 [M]. 北京：地质出版社，2014.

[204] 张婷，陈世俭，傅娇凤. 四湖地区地下水"三氮"含量及时空分布特征分析 [J]. 长江流域资源与环境，2014，23（9）：1295-1300.

[205] 吴锡松. 典型峰林平原地下水硝酸盐来源与转化 [D]. 北京：中国地质科学院，2020.

[206] Mee-Sun Lee, Kang-Kun Lee, Yunjung Hyun, et al. Nitrogen transformation and transport modeling in groundwater aquifers [J]. Ecological Modeling, 2006, 192 (1): 143-159.

[207] Liu G D, Wu W L, Zhang J. Regional differentiation of non-point source pollution of agriculture-derived nitrate nitrogen in groundwater in northern China [J]. Agriculture, Ecosystems and Environment. 2005, 107: 211-220.

[208] Feng H, Dong S, Li Y, et al. Characterizing nitrogen distribution, source and transformation in groundwater of ecotone of agriculture-animal husbandry: an example from North China [J]. Environmental Earth Sciences, 2020, 79 (6).

[209] Spalding R F, Exner M E. Occurrence of nitrate in groundwater a review [J]. Journal of Environmental Quality, 1993, 22 (3): 392-402.

[210] 邵景力，徐映雪，崔亚莉，等. 变异条件下内蒙古呼包平原地下水演化趋势 [J]. 现代地质，2006，20（3）：480-485.

[211] 王超，董少刚，刘晓波，等. 城市化对呼和浩特市潜水补给影响研究 [J]. 现代地质，2018，32（3）：574-583.

[212] 张飞，塔西甫拉提·特依拜，丁建丽，等. 塔里木河流域中游绿洲地下水资源评价——以沙雅县为例 [J]. 水资源与水工程学报，2012，23（4）：75 - 82.

[213] 冯建宏，王春磊，王具文. 民勤县青土湖地区地下水均衡计算及水位上升机理分析 [J]. 地下水，2020，42（2）：49 - 51.

[214] 尤传誉，都兴伟，王建中，等. 基流切割法在山区地下水资源评价中的应用研究 [J]. 东北水利水电，2019，37（9）：43 - 46.

[215] 胡代华. 用补偿疏干法计算岩溶区地下水开采量 [J]. 勘察技术，1979（6）：70 - 72.

[216] 李治军，袁景明，崔越，等. 基于抽水试验的地下水允许开采量计算 [J]. 人民长江，2019，50（S1）：79 - 81.

[217] 梁丽青，温宁，胡宇祥. 数值模拟在地下水资源评价中的应用研究综述 [J]. 中小企业管理与科技（下旬刊），2017（11）：140 - 141.

[218] 刘丽宏. 地下水资源评价方法现状与展望 [J]. 河北水利，2016（6）：37.

[219] 尤传誉，王建中，房公强，等. 水均衡法在阿荣旗农区地下水资源计算中的应用 [J]. 东北水利水电，2019，37（12）：19 - 21＋71.

[220] 罗银飞，高源，孙语彤，等. 青海玛沁县水源地地下水资源评价及可开采潜力 [J]. 中国锰业，2019，37（5）：120 - 123.

[221] 刘芮彤，王锦国，周云，等. 云南鹤庆西山岩溶地下水均衡模拟 [J]. 中国岩溶，2019，38（4）：532 - 538.

[222] 申豪勇，梁永平，徐永新，等. 中国北方岩溶地下水补给研究进展 [J]. 水文，2019，39（3）：15 - 21.

[223] 许云，张世涛，刘皓. 滇中引水工程蔡家村隧洞涌水量预测 [J]. 地质灾害与环境保护，2018，29（1）：45 - 49.

[224] 彭世彰，徐俊增. 参考作物蒸发蒸腾量计算方法的应用比较 [J]. 灌溉排水学报，2004（6）：5 - 9.

[225] 刘晓英，林而达，刘培军. Priestley - Taylor 与 Penman 法计算参照作物腾发量的结果比较 [J]. 农业工程学报，2003（1）：32 - 36.

[226] 赵璐，梁川，崔宁博，等. 不同 ET$_0$ 计算方法在川中丘陵地区的比较及改进 [J]. 农业工程学报，2012，28（24）：92 - 98.

[227] Srivastava P K, Islam T, Gupta M, et al. WRF Dynamical Downscaling and Bias Correction Schemes for NCEP Estimated Hydro - Meteorological Variables [J]. Water Resources Management，2015，29（7）：2267 - 2284.

[228] 罗洪斌. 大青山前坡及京藏高速公路两侧防护林体系建设研究 [J]. 内蒙古林业调查设计，2016，39（5）：27 - 31.

[229] 耿博闻，唐韵智，吴斌，等. 高速公路两侧绿化配置对降噪效果的影响 [J]. 湖南农业科学，2013（23）：112 - 116.

[230] 夏蔓宏，董少刚，张涛，等. 半干旱区域高速公路绿化带建设对地下水循环的影响：以京藏高速公路呼包段为例 [J]. 现代地质，2019，33（2）：412 - 421.

[231] 郭华明，倪萍，贾永锋，等. 原生高砷地下水的类型、化学特征及成因 [J]. 地学前缘，2014，21（4）：1 - 12.

[232] 秦亚平，刘锋，马三剑. 豆腐生产废水的治理（Ⅰ）[J]. 污染防治技术，1999，12（2）：93 - 94.

[233] Nishikiori T, Takamatsu T, Kohzu A, et al. Distribution of nitratein groundwater affected by the presence of an aquitar datan agricultural area in Chiba, Japan [J]. Environmental Earth Sciences, 2012, 67 (5): 1531-1545.

[234] Polprasert C, Khatiwada N R. An integrated kinetic model for water hyacinth ponds used for wastewatertreatment [J]. Water Research, 1998, 32 (1): 179-185.

[235] Henze M. Wastewater treatment: biological and chemical processes [J]. Progress in Colloid & PolymerScience, 2002, 49 (6): 747-752.